二宝来了，

你准备好了吗

——两孩生养教全攻略

国家人口计生委计划生育药具重点实验室
上海市人口和家庭计划指导服务中心　组编

主编　段　涛

复旦大学 出版社

编委会

序

　　人口是社会发展的关键因素之一。20世纪70年代，为控制人口过快增长，缓解人口与经济社会、资源环境的紧张关系，我国开始全面推行计划生育，施行一对夫妻只生一个孩子的政策。进入21世纪，我国人口发展呈现出重大转折性变化，人口总量增长势头明显减弱，劳动年龄人口开始减少，人口老龄化程度不断加深，家庭养老抚幼功能弱化，少生优生成为社会生育观念的主流。2013年，为适应人口发展新形势，党的十八届三中全会启动实施一方为独生子女的夫妇可生育两个孩子的政策。2015年10月，党的十八届五中全会做出了为进一步完善人口发展战略，全面实施一对夫妇可生育两个孩子的政策，积极开展应对人口老龄化的行动，这是党中央在人口发展问题上作出的重大战略部署，标志着我国计划生育工作进入了一个新的历史时期，由此计划生育的内涵也将会发生重大变化。

那么，国家生育政策的调整和放宽会给人们的生产生活带来怎样的影响？正如国家卫生和计划生育委员会李斌主任所说："实行全面两孩政策应加强生殖健康、妇幼健康、托儿所及幼儿园等公共服务的供给……"两孩政策的落地可能会引起妇产保健需求的增加、医疗健康及经济、社会资源的重新配置，可能对诸如母婴保健、健康管理、教育培训、家政服务等提出新的发展要求。尤其是面对高龄孕产妇比例显著增加，生育风险将相应加大的状况，如何生、如何养、如何育健康的宝宝已经成为备孕家庭关注的焦点。因此，生育政策放宽后，对孕、生、养、教相关知识的正确解读及传播势在必行。

上海市人口和家庭计划指导服务中心组织编写的《二宝来了，你准备好了吗——两孩生养教全攻略》这本书出版得非常及时，既是为配合两孩政策的实施所做的一件实事，也是为广大孕产妇，尤其是高龄孕产妇所做的一件好事。该书由多领域高级专家共同撰写，集医学、心理学、社会学相关知识于一体，是一本很好的科普读物，可以帮助备孕夫妇正确认识，树立信心，科学对待备孕、养育及如何教导两个宝贝，为迎接新的家庭成员做好更充分的准备，从而提高备孕家庭的健康水平和社会适应能力。该书既具科学性又注意趣味性和可读性，文字得法，通俗易懂，相信一定会得到备孕家庭及基层工作者们的欢迎，并成为大家的必读科普书籍。

在此，谨预祝本书成功面世！

中国科学院院士　　
复旦大学副校长　金力

2016年2月

前言

　　今天是2016年的第一天，新年的钟声刚刚敲过，这意味着，国家提倡一对夫妻生育两个子女的新规正式开始实施，中国正式进入"全面两孩"时代！

　　生育政策是实现人口长期均衡发展的重要手段，在宏观上对国家的人口变化有着长远的影响，在微观上影响家庭和个人的幸福和发展。目前，打算备孕二孩的夫妇有不少出生于20世纪70~80年代，年龄处于30~45岁阶段。医学研究显示，女性在30岁后生育力逐渐下降，尤其35岁以后高危妊娠的比例快速上升，加上社会的发展和环境的变化，备孕二孩的家庭势必面临诸如生育安排、优生优育、孕产保健、科学喂养和亲子相处及社会适应等方面的困惑和挑战。并且，家里有两个孩子，这不仅对父母，对孩子来说也是全新的体验或挑战。自生育政策逐步放开以来，新闻中不乏"二胎悲剧"的报道。第二个孩子的出生是家庭的重大事件，将带来整个家庭中成员人数和相互关系、家庭资源的重新分配及家庭成员身体、心理适应等多方面的改变。两孩政策改变了传统的"4+2+1"的家庭模式，对于有的大宝来说，这或许会改变他们原本"集全家宠爱于一身"的状态。父母在摸索如何适应，那么大宝怎样应对与接受弟弟妹妹的降临呢？

怎样妥善地抚养两个孩子，怎样保障两个孩子都能得到优质教养与良好发展？这是目前不少备孕夫妇亟待了解的知识，因为他们一方面对优生优教、生活品质有着较高的追求，另一方面可能对自己是否适合怀二孩，有了二宝后会给生活、心理和健康带来什么样的影响及如何应对经验不足，迫切需要相关领域专家提供指导和帮助。

本书的编写初衷是从实用的角度出发，梳理相关专业知识，以问答的形式，给打算生二孩的夫妇以通俗易懂的专业指导，帮助大家做好准备，适应怀孕、新的家庭结构、角色调整及维护孩子们的身心健康成长，以促进家庭成员及整个家庭的良好社会适应。全书共分10章，以孕前、孕期、产后、育儿期为主要线索，内容贯穿整个围、孕、产、养、教期，从医学、心理学、社会学不同视角，对备孕二孩、养育两个孩子进行了具体详尽的阐述。

第一章主要围绕临床常常遇到的女性备孕所关心的问题进行解释；第二章的重点在于破除误区，对男性在生育前所需要注意的问题给予提醒；第三章为备孕困难者讲解防治不孕不育的相关知识，以指导夫妇合理安排生育计划；第四章从心理学的角度，针对父母、大宝和祖辈来谈谈为迎接二宝的到来各自需要做好的心理准备；第五章则对顺利怀孕后的夫妇进行孕期保健指导；第六章重点在于产后妈妈的保健；第七章针对新生儿，尤其是"珍贵儿"的喂养、疾病防治、体格与心智发育、起居照顾等问题进行解答；第八章至第十章侧重于从心理、社会的角度对两孩家庭可能遇到的困难、困惑进行分析解惑，其中第八章侧重于大宝与二宝该如何相处，第九章侧重于父母责任、平衡之术及良性亲子关系的建立，第十章则从家庭成员及整个家庭的角度出发，探讨如何达到家庭和谐与社会适应。读者在阅读时，可有所侧重，臻别选用。

　　本书邀请到上海市著名妇科、儿科、计划生育、健康教育、社会工作机构的专家参与编写，由上海市人口和家庭计划指导服务中心组织编写。因时间短，准备较仓促，本书可能存在一些不足或遗漏，请广大读者不吝指教，争取再版时一一改正。

上海市第一妇婴保健院院长　段涛

2016年1月1日

目 录

第一章　女性备孕

第二章　男性备育

一、生育力与生育

第三章　不孕不育防治

第四章　心理准备

第五章　孕期保健

一、合理营养运动

二、孕期监护

第六章　产后保健

第七章　科学养育

一、新生儿与母乳喂养

二、计划免疫与疾病防治

第八章　两孩相处

第九章　家长之道

一、父母责任

二、平衡之术

三、亲子和睦

第十章　社会适应

一、家庭和谐与社会适应

二、孩子的社会适应

三、父母的社会适应

第一章　女性备孕

　　全面两孩政策正式开始实施了，你是否心动呢？准备第二次做妈妈的你是否觉得自己有过一次生育经验，一切顺利，再生一个也必然是驾轻就熟，所以完全不需准备呢？或者有过不良好的怀孕、分娩经历，当谈到再次生育，心中惴惴不安：到底还能再生吗？还会有危险吗？心急的妈妈想一口气3年抱俩，行不行呢？哎呀，高龄有点愁、养猫不愿舍、囊肿肌瘤怎么办，备孕疑惑多。你有问题放马来，且听逐一细细解。

一、健康状况与备孕

1. 备孕二孩应注意什么

如果准备怀孕，应根据男女双方生殖、生理规律，调整身心，选择适宜时机，创造良好的授（受）孕环境，以获得满意的妊娠结果。

（1）高龄及有慢性疾病的夫妇应先进行专业的孕前咨询及健康检查，以确定夫妻双方的健康状况是否适宜再次生育。

（2）应注意起居有规律，改变不良生活方式，应戒烟、控制饮酒。

（3）调整健康的饮食习惯。妊娠早期，胚胎所需要的营养可直接从子宫内膜储存的养料中获得。备孕女性应合理搭配膳食，多吃富含营养素的新鲜食物。

（4）维持合理的体重指数，养成良好的运动习惯。过瘦者容易流产和早产，肥胖者患糖尿病、高血压的风险增加。除需合理摄入营养外，还要坚持锻炼身体。坚持运动不仅能保持正常体重，还能帮助顺利分娩，增强身体的抵抗力，抵御因流感、风疹等病毒侵袭造成的胎儿畸形。怀孕后也应保持健康的生活方式，只需避免剧烈运动即可。

（5）早孕前后补充叶酸或含有叶酸的多种维生素可明显降低神经管畸形的风险，也可减少脐膨出、先天性心脏病的发生。

（6）避免在计划怀孕时期及整个孕期接触有害的环境，否则易引起胎儿畸形及流产。孕前长期接触如放射线、铅、镉、汞，以及二硫化碳、二甲苯、苯、汽油等有毒、有害物质的女性应离开该环境，并待检测指标正常后再备孕。

2. 怀二孩的最佳时间是什么时候

女性是否适合生育二孩主要受到两方面制约：一是身体情况，如果合并有严重的慢性疾病，暂时不适合再生育；二是要考虑年龄因素，有二孩生育愿望的女性大部分年龄已超过30岁，40多岁的高龄妈妈也很多。

由于35岁以后，女性的身体功能出现下滑趋势，加上卵巢功能的退化，使得胚胎发育不良及胎儿畸形的发生率会进一步增加，如早产、流产、小于胎龄儿、胎死宫内、病理妊娠等，所以建议女性尽量在35岁前做生育的计划。但是，即使是超过40岁的女性，如果身体健康，大多也仍可生育健康的宝宝。

妊娠间隔因人而异。如果前次妊娠为阴道分娩，建议母乳喂养结束后，月经恢复正常再怀孕。最适宜的再孕时机是间隔18~24个月。

3. 孕前检查常规项目及特殊情况下检查项目有哪些

孕前检查的目的是减少出生缺陷，提高出生人口素质。建议夫妻双方均参加孕前检查。具体检查包括询问病史（疾病史、孕产史、家族史、生活习惯、环境毒害物质接触、社会心理因素等）、体格检查、实验室检查、妇科B超检查等。根据检查结果进行诊断、风险评估并提供相关咨询和指导。

实验室检查包括血常规，白带常规，淋病奈瑟菌（淋球菌）感染，沙眼衣原体感染，尿常规，肝、肾功能，空腹血糖，肝炎病毒血清学标志物、人类免疫缺陷病毒（HIV）及梅毒血清学检查，甲状腺功能，血型等。养宠物的女性和怀疑TORCH病毒感染者要筛查TORCH抗体。

高血糖易致胎儿畸形，甲状腺功能异常可造成不孕、流产及出生缺陷，均需得到控制后再孕。超声检查发现异常，如子宫畸形（纵隔子宫、单角子宫等）、子宫肌瘤及卵巢囊肿等，要咨询及治疗后再怀孕。

有2次及以上自然流产史的女性需进行习惯性流产的专项检查；有不良孕产史的应进行遗传咨询。

4. 饲养宠物的妈妈可以怀孕吗

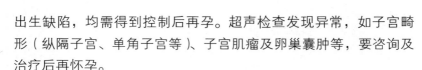

备孕二胎的妈妈们，有的家里还饲养猫和狗等宠物，如果不把家里的宠物送人，会影响肚子里宝贝的安危吗？传说中的弓形体吓倒了广大备孕妈妈。鱼和熊掌，如何兼得？

弓形体病是一种人兽共患疾病，人摄入了含弓形体卵的猫粪便可以感染弓形体病。狗虽然也会传染，但弓形虫藏在狗的肌肉里，所以只要不吃狗肉，单纯和狗接触不会感染弓形体病。

孕妇若感染弓形体病可传染给胎儿，造成先天性感染。孕早期感染尤为严重，可导致流产、死胎或新生儿畸形。

如果孕前感染过弓形体病就不会再有感染的危险，所以备孕前可以抽血做弓形体抗体的检测，如果提示正值感染期则暂时不能怀孕。

携带弓形体卵的猫粪便被排出至少24小时后才有传染性，所以养猫的家庭要每天及时清理粪便，备孕妈妈不要接触猫粪便，就可减少被感染的机会。而不食老鼠、按时驱虫的家猫也很少会传染弓形体病。

相比猫的传染，其实食用未烧熟的肉类危险性更大，所以预防弓形体病，要从不食生肉、砧板生熟分开、勤洗手、注意个人卫生做起。

5. 我在孕前或孕期接受了放射线，我的宝宝能留下吗

宝宝的到来有时是那么意外，让人惊喜交加。回忆起备孕的日子，突然发现自己居然接受过X线检查摄片！放弃还是继续？准妈妈们莫焦虑，耐心听专家为你解读。

常见的放射线检查包括X线摄片（如胸片胸透、上消化道钡餐、腹部平片等）、CT和PET。辐射吸收剂量的专用单位为拉德（rad）。评估放射线对怀孕的影响主要是看两个方面：接受放射检查的部位和暴露次数。

5rad以下的放射剂量对胎儿是安全的，不会引起畸形或发育障碍。而常见的X线胸片的辐射吸收剂量为0.02~0.07 mrad，腹部平片是100 mrad。单次摄片，包括牙齿摄片，都是以mrad计量的极小剂量。一些需要连续多次摄片的情况可能增加放射的摄入量，如钡灌肠连续摄片的辐射吸收剂量为2~4 rad，腹部CT为1.5 rad，但这样的辐射吸收剂量基本是安全的。

如果在怀孕期间必需要做一些多次摄片的放射性检查，可以让产科医生和放射科医生评估这些检查的放射总量及对胎儿的影响后再做决定。

还有一点需要提醒的是，超声和磁共振检查对胎儿是没有影响的，只要是必要的检查，都可以放心进行。

6. 孕前注射过疫苗，可以怀孕吗

怀孕是个特殊的阶段，对于正在发育的胎儿来说，任何不良影响都可能对他造成伤害，包括在孕前或者孕期注射某些疫苗，也可能会引起胎儿的畸形。因此，准妈妈和准备怀孕的女性在接受预防接种时都须慎重进行。一般认为，最好在准备怀孕之前进行预防接种，在接种后间隔一段时间再尝试怀孕。

目前疫苗分为减毒活疫苗、死疫苗和基因重组疫苗等。其中减毒活疫苗不适合孕期接种，注射结束后最好避孕3个月后再备孕；死疫苗和基因重组疫苗则对胎儿无影响或影响较小，可在孕期或孕前接种。

推荐在孕前有计划性地接种风疹疫苗。如果怀孕时，尤其是早孕期感染风疹，会出现先兆流产、死胎或严重的先天性畸形。风疹疫苗是一种活的、减毒病毒疫苗，在妊娠期应用该疫苗是禁忌的。所以，最好的办法是孕前注射风疹疫苗，注射后3个月之内注意避免受孕。

孕前适合注射的常见疫苗还有乙肝疫苗。母体接种乙肝灭活（重组）疫苗被认为对胎儿无风险。从第一针算起，在此后1个月时注射第二针，在6个月的时候注射第三针。加上注射后产生抗体需要的时间，至少应该在孕前9~10个月进行注射。

7. 早期不知道怀孕，已注射疫苗怎么办

常见的疫苗对于母体和胎儿并无明显的不良影响，所以并无大碍。

（1）甲肝疫苗：是一种非传染性的疫苗，孕妇接种此疫苗对胎儿造成的风险可能是微乎其微的。所以孕期内接触甲肝患者或要去甲肝流行区的孕妇接种无妨。

（2）流感疫苗：在妊娠期感染流感可能造成自发流产率升高。在妊娠的各个时期，该疫苗均被认为是安全的。在流感流行季节（10月至次年3月）可对孕中期和孕晚期孕妇接种流感疫苗。

（3）狂犬病疫苗（人类）：因为狂犬病的致死率几乎是100%，所以在暴露后应接种疫苗进行预防，孕妇在暴露后也应接种。目前未发现该疫苗会对胎儿造成不良影响。

即使是不慎在接种风疹疫苗后3个月内受孕，实际的风险也

极低，因此不需要终止妊娠。至于其他一些不常用的疫苗，应在专业医生的指导下使用。

8. 已经放置宫内节育环，这对备孕二孩有影响吗？取环后多久可以受孕

放置宫内节育环是我国育龄期女性最常用的避孕措施，一般可放置7~20年，经济、安全、方便、避孕效果可靠，对性生活没有任何影响。目前并没有研究证据表明放环会导致不孕，既往放环可能对准备再次妊娠的不利影响主要体现在：宫内节育器为异物，可能造成月经量不同程度的增加或经期延长、慢性宫腔炎症等，可能影响胚胎种植、着床；不规范取、放环过程造成的慢性炎症可能会影响输卵管的通畅程度，造成继发不孕；另外，宫内带环合并输卵管妊娠的病例也时有发生。但大多数情况下，取环后能正常怀孕。

9. 口服避孕药是否影响受孕？能否继续妊娠

口服避孕药的主要成分包括孕激素和低剂量雌激素，这两种激素共同作用能抑制排卵，改变内膜环境及宫颈黏液形状，可实现接近100%的避孕效果。紧急避孕药的主要成分是大剂量孕激素。

没有证据显示妊娠周期内使用复方短效口服避孕药，甚至紧急避孕药，与子代出生缺陷、自然流产率、妊娠并发症、妊娠不良结局、婴幼儿体格和智力发育之间有关联。

因此，服避孕药后怀孕的女性可以自己决定是否终止妊娠。如果不想继续妊娠，可以用手术或药物的方法终止妊娠；如果决定继续妊娠，则不必担心避孕药对胎儿的影响，只要做好孕期的

畸形筛查和胎儿监测即可。

10. 哺乳期间可以怀孕吗

哺乳期间不建议怀孕，因为胎儿与母体在此特殊时期均得不到充足的营养和生理的支持，低出生体重、早产、发育不良等发生率均会升高，母体围生期的并发症也会大大增加。建议宝妈们在哺乳期性生活中采取避孕方法，避免非意愿妊娠。

一旦意外怀孕，体内雌、孕激素的迅速上升会影响乳汁的分泌，同时泌乳造成的营养流失也不利于腹中胎儿获取足够营养。所以最好暂停哺乳以利胎儿生长，并添加奶粉以保障大宝的生长发育。

哺乳期如意外怀孕，因子宫比较薄、脆且软，人工流产时容易出现子宫穿孔等严重的并发症。如继续妊娠，要及时安排好大宝的看护、休息、补充营养及活动，进行更严密的产检，评估胎儿生长发育及母体情况。如果前一胎是剖宫产，术后6个月内怀孕可能增加子宫破裂的风险，需和医生探讨继续妊娠的利弊。

11. 备孕期间如何控制体重

我们用体重指数（BMI）来确定一个人的体重是否位于标准体重范围，计算方法是：

BMI=体重［千克（kg）］÷身高的平方［平方米（m²）］

当BMI小于18.5 kg/m²，属于低于标准体重；18.5~25 kg/m²属于标准体重；大于25 kg/m²在亚洲人群中被定义为肥胖。

育龄女性肥胖多与多囊卵巢综合征（PCOS）相关，常伴有排卵障碍导致的不孕，而通过减重，可改善排卵功能，继而解决不孕的问题。至于能规律排卵但体重超标的女性，其自然受孕概率也比一般人低，发生自然流产的概率会相应上升。肥胖的孕妇会发生胰岛素抵抗、内分泌功能紊乱，也会增加糖尿病、高血压、心血管疾病的风险，而怀孕后各种并发症也易随之出现，并增加了早产的可能。

BMI低于标准值的女性，由于摄入的能量过低及运动过度，也同样会出现卵巢功能障碍，导致闭经或月经失调，而引起不孕。那些过瘦的女性，即使月经规律，受孕的时间也要比体重标准的人增加25%。由于焦虑感，她们往往过早求助于辅助生殖技术。过瘦的女性在孕期碰到的常见问题还有早产概率上升。

所以建议在备孕期间，使自己的体重达到并维持在标准体重范围，即BMI为18.5~25 kg/m²，以降低并发症的发生机会，孕育更健康的下一代。

12. Rh阴性血型产妇首次分娩时未注射免疫球蛋白，现在可以怀二孩吗

Rh阴性血型，即俗称的熊猫血，为稀有血型。当Rh阴性血的女性孕育Rh阳性血型的宝宝时，在流产、分娩时如有少量宝宝血液进入妈妈体内，将产生Rh抗体，但对第一胎宝宝并无伤害。然而，如果首次分娩时没有注射抗D免疫球蛋白中和进入母亲体内的阳性抗原，第二胎妊娠时大量的Rh抗体将通过胎盘进入第二胎宝宝体内，造成一定比例（25%~30%）的胎儿和新生儿溶血性疾病。因此，Rh阴性血型孕妇怀二孩将冒一定风险。

这些妈妈怀二孩时，要检测体内有无Rh抗体，如有，要密切随访抗体滴度变化，及早发现胎儿溶血性倾向并积极治疗。第一胎没有产生抗体的女性再次妊娠时同样应该引起重视，除建议常规在28周及产后72小时内注射抗D免疫球蛋白中和抗体外，如有胎盘剥离引起的先兆流产出血或行羊水穿刺等操作时，也需要

用药以防止抗体生成。

当然，如果爸爸也是Rh阴性血型，那么可以放心，妈妈是不会产生抗体的。

13. 曾患有妊娠高血压，可以怀二孩吗? 孕前要做什么检查

有过妊娠高血压的女性只要没有遗留严重的重要脏器损伤，目前血压控制正常，均可以怀二孩，但要了解仍有再次发生高血压及子痫前期的可能性。

而有慢性高血压史及高血压家族史、营养缺乏、心理社会应激、肥胖、糖尿病、高龄等也都是妊娠高血压疾病复发的危险因素。

在决定再次怀孕前，有必要先进行孕前检查和咨询。需详细了解是否有肥胖、慢性高血压、肾脏疾病、糖尿病、结缔组织疾病、血栓性疾病，做包括全血、生化和尿液分析在内的完善实验室检查。

提供前次妊娠及分娩结局的详细资料，超重及肥胖者要在医生指导下控制饮食，改变生活模式，从而减轻体重。慢性高血压和糖尿病患者要在孕前尽量控制血压及血糖水平。有其他慢性疾病者也需调整治疗，改用孕期安全的药物。

14. 曾得过妊娠期糖尿病，怀二孩前应该检查些什么

如果第一胎妊娠时有妊娠期糖尿病，虽然产后大部分可恢复正常，但10年内有一半以上的女性会出现糖尿病或糖耐量减退，所以再次妊娠时，糖尿病的复发率可高达33%~69%。有妊娠期糖尿病的妈妈如果准备怀二孩，在怀孕前最好到医院检查一下空腹血糖、糖化血红蛋白以排除孕前糖尿病的可能。若已有糖尿病，先要将血糖控制在正常范围，还要检查如眼底、肾功能等了解糖尿病的分期，如已经累及重要脏器者不建议再孕。

15. 曾孕育过畸形胎儿的女性，再次妊娠该怎么办

生过一个21-三体综合征（唐氏综合征）患儿，或曾因胎儿严重畸形引产，会在妈妈心里留下不可磨灭的伤痕。再次生育，如何才能避免发生同样的问题呢？

有过不良孕产史的夫妇，备孕前先要做一次产前诊断咨询，这样的咨询主要是针对前次妊娠的情况，计算胎儿畸形再发的风险，判断是否适合妊娠及有无必要选择基因筛查的辅助生殖技术等。

应提供前次妊娠完整的记录及夫妻双方的检查结果作为评估的主要材料，如夫妻双方是否携带异常的基因，而这个基因恰好与前次的胎儿畸形密切相关；前次的畸形胎儿是否存在染色体的异常；前次胎儿的畸形是多发的还是单发的；前次妊娠期间有接触过致畸物质等。这些对再次妊娠都是影响因素，需要通过咨询了解是否适合自然妊娠；胎儿畸形的再发风险；什么途径可筛查这些畸形等信息。尽可能在孕前规避再次发生畸形的风险，完善一系列检查后再备孕。

如果在咨询前已经怀孕，那就应从早孕期间开始正规检查。早孕期对于胚胎是至关重要的，应补充叶酸预防神经管缺陷，早期的唐氏综合征筛查、绒毛穿刺可发现潜在的胎儿畸形，有过胎儿心脏畸形史的要做胎儿心脏超声，同时再次进行产前诊断的咨询，以获得医生的专业指导，并制订相关的产检方案。

16. 前一次怀孕宫颈功能不全，这次孕前需要做哪些检查

宫颈功能不全表现为孕24周左右无明显宫缩下突然发生宫颈缩短和扩张，导致流产。再次妊娠，如果不进行宫颈干预，流产将无法避免。目前，针对宫颈功能不全的诊断和治疗大多在孕期

进行，但这并不意味着在孕前无计可施。

打算再次怀孕的女性应准备好第一次分娩的详细记录，孕前可向专科医师咨询，接受评估，包括全面了解基础健康水平、分析宫颈功能不全的可能病因。某些可能引起早产或流产的疾病在孕前即可进行治疗，如子宫畸形、生殖道或泌尿系统感染等。如果备孕女性同时合并一些基础疾病，如糖尿病、肾脏疾病、贫血等，也应该在孕前稳定控制。

二、疾病与备孕

1. 慢性疾病服药期间备孕，如何调整用药

药物致畸是造成先天性畸形的一个重要原因。

妊娠头3个月，是胎儿各种器官发育形成的关键时期，在此期间用药须格外小心，否则可能造成流产或胎儿畸形。另外，用药量大小、用药时间长短对胎儿也有不同影响。常规药物的短时、小剂量用药不会造成明显影响，而长期、大剂量用药则可产生药物毒性蓄积。

对于患有急性疾病或在一定时期内可以治愈的疾病（如肺结核、急性或活动性肝炎、外伤等）的患者，应抓紧时间治愈之后再怀孕。对于慢性疾病患者，如患高血压、糖尿病、心脏病、甲状腺功能亢进、结缔组织病等的，在准备怀孕之前，就应到医院进行咨询，及早调整治疗方案。

例如，长期服用血管紧张素转化酶抑制剂（ACEI）类药物的高血压患者要将药物调整为对胎儿影响较小的甲基多巴或钙离子拮抗剂；糖尿病患者孕期尽量用中短效胰岛素控制血糖；甲状腺功能亢进患者尽量在病情稳定，停药后备孕，如服药期间怀孕，则应调整药物为丙硫氧嘧啶。

2. 有子宫肌瘤可以怀孕吗

子宫肌瘤是最常见的妇科良性肿瘤，而备孕二孩的女性年龄偏大，患子宫肌瘤的概率也相对较高。

妊娠合并子宫肌瘤大多无症状，而在孕前检查中发现。备孕期间发现肌瘤不需要恐慌，但是如果有腹部明显增大、月经量多或淋漓不净、排尿或排便异常者需先明确子宫肌瘤是否会对妊娠造成不良影响。

超声检查可了解肌瘤与子宫腔的关系。宫腔内的肌瘤可影响胚胎种植与生长，增加流产风险，故此类肌瘤不论大小均应在孕前做手术剔除；长在子宫宫壁或往子宫壁外向生长的肌瘤，如较小、不压迫宫腔则可不予处理。对于肌瘤较大或引起不适者，由于孕期肌瘤常随子宫增大，容易出现肌瘤变性，引起腹痛，导致流产和早产，而生产时发生难产及产后出血的可能也大大增加。所以应先摘除肌瘤后，再择期试孕。

3. 有卵巢囊肿可以怀孕吗

在备孕期间发现的直径5厘米（cm）以内的卵巢囊肿大多为生理性，可在月经干净后复查是否消退。如果2~3个月后复查发现囊肿持续存在或进一步增大（超过5cm），则应考虑明确诊断和治疗后再备孕。

卵巢内膜样囊肿（巧克力囊肿）常伴痛经，还有可能造成盆腔粘连，影响排卵、输卵管蠕动等，造成不孕。如囊肿不大，可以先短期试孕。如果不易妊娠，可手术剥除囊肿并松解盆腹腔粘连，或行内分泌药物治疗。

孕早期出现的卵巢囊肿常为妊娠引起，属正常现象，通常在14周内自然消失。孕期首次发现的卵巢囊肿，如果囊肿体积直径小于5cm，且可以明确诊断为单纯囊性，可进行密切观察至足月。如超过5cm或逐渐增大的囊实性肿块，可以根据具体情况在对胎儿相对安全的妊娠12~16周进行手术探查，以明确性质，并防止孕期发生囊肿的扭转和破裂。

4. 曾发生过胎盘异常种植，再次怀孕还会发生吗

胎盘异常种植包括胎盘位置的异常和胎盘黏附异常。

如前一胎为前置胎盘，再孕时也会增加前置胎盘的发生机会。有剖宫产史、多胎、多次孕产史和流产史及高龄、辅助生殖、曾行刮宫等宫腔操作、母亲吸烟、男性胎儿等都是前置胎盘的好发因素。

胎盘黏附异常包括胎盘粘连和植入，即胎盘与子宫肌层难以分离，易引起产后出血，也易发生在前置胎盘的情况下。如前次分娩方式为剖宫产术而此次胎盘附着在前壁切口处的前置胎盘，则病情尤为凶险。

剖宫产会增加对再次妊娠的胎盘粘连。而进入产程后的顺转剖，对再次妊娠的胎盘种植影响会较小。所以前置胎盘和胎盘粘连的再发生和第一胎的分娩方式有很大关系。

因此，有前置胎盘或胎盘粘连史，尤其是前次分娩方式为剖宫产的女性，要了解再次妊娠可能存在的风险并慎重选择是否再次生育。再生育前要避免人流，并准备好前次分娩的详细记录，怀孕后供医生参考。

5. 乙肝女性患者备孕要注意什么

在我国，母婴传播是慢性乙肝病毒（HBV）感染的主要原因，慢性HBV感染，即乙肝表面抗原（HBsAg）持续阳性达6个月以

上的女性在计划妊娠前应评估肝脏功能。肝功能始终正常者可正常妊娠；肝功能异常者，如果经治疗后恢复正常，且停药后6个月以上复查正常则可妊娠。由于部分抗病毒药物对胎儿生长发育有不良影响，甚至存在致畸作用，故需要抗病毒治疗的女性在用药期间需避免妊娠。

孕妇乙肝表面抗体（HBsAb）阳性是阻断HBV父婴垂直传播的保护因素。因此，推荐所有育龄女性孕前进行乙肝筛查，若血清学标志物均为阴性，最好在孕前接种乙肝疫苗。乙肝疫苗对孕妇和胎儿均无明显的不良影响，即使在接种期间妊娠，也无需特别处理，且可完成全程接种。

6. 自身免疫性疾病女性患者备孕应注意什么

结缔组织病（CTD）包括多种与自身免疫有关的慢性多系统疾病，一般不影响女性的生育能力，但有以下情况的育龄女性不适合妊娠：①6个月内有严重发作；②肺动脉高压；③中、重度心力衰竭；④严重的限制性肺部疾病［用力肺活量小于1升（L）］；⑤慢性肾脏疾病4~5期；⑥未控制的高血压；⑦前次妊娠虽然治疗，仍然发生严重的早发型子痫前期（小于28周）。

患有这类疾病的女性孕前应行评估。备孕前用安全药物替代有害或不安全药物，接受激素治疗时应预防性给予钙和维生素D，以减少流产和晚期产科并发症的风险。

7. 有宫颈糜烂可以怀孕吗

宫颈糜烂以前被归为宫颈炎，现正名为宫颈柱状上皮外翻，是育龄期女性雌激素水平上升后出现的正常生理现象。所以，单纯的宫颈糜烂，只要宫颈细胞检查正常，就不是疾病，不需治疗，也不会影响怀孕。

如果宫颈糜烂有症状，如白带增多、发黄、有异味，长息肉等，检查发现伴有衣原体或淋球菌等炎症感染就应积极治疗。患宫颈炎时宫颈分泌物会明显增多，质地黏稠，并含有大量白细胞，这对精子的活动度产生不利影响，同时会妨碍精子进入宫腔，从而影响受孕。妊娠后，病原体也容易引起上行性感染，导致流产和胎膜早破等。所以，有宫颈炎症的情况下应积极治疗。

8. 宫颈HPV感染患者可以怀孕吗？孕前需要注意什么

HPV是宫颈人乳头瘤病毒的英文缩写。HPV是一种常见病毒，约30余种型别与生殖道感染有关，约20余种型别与肿瘤有关，其中最密切的是宫颈癌。几乎所有的宫颈癌患者均伴有HPV感染，持续性的高危型感染才可以导致宫颈高级别病变或宫颈癌的发生。

有些人担心宫颈HPV感染会影响胎儿的健康，但目前并无明确的HPV感染对胎儿致畸的报道。孕前如果检查发现有HPV感染引起的病变，如尖锐湿疣等，需要治疗后再怀孕。如果检查发现高危型HPV感染，还需要结合宫颈细胞学检查结果，必要时需要做阴道镜或活检等进一步确诊。

9. 曾经做过宫颈锥切的患者可以怀孕吗？孕前需要做什么检查

宫颈锥切术是治疗宫颈病变的一种方式，其术式、深度不同，对妊娠结局可造成不同影响。术后可能引起宫颈狭窄和宫颈功能不全，但对患者的生育能力无显著影响。

行宫颈锥切术后，要在备孕前复查宫颈细胞学并进行HPV检测。在部分患者中会增加未来妊娠流产、早产、胎膜早破、低出生体重儿的风险，但是目前并没有在孕前估测和加强宫颈功能不全的有效方法。所以怀孕后要定期监测宫颈长度，如应用阴道超声监测宫颈长度，有宫颈缩短倾向时应及时行宫颈环扎。

10. 人类免疫缺陷病毒（HIV）阳性患者可以怀孕吗

HIV感染对胎儿、新生儿有高度危险性，无论经阴道分娩还是剖宫产分娩，HIV感染的孕妇中有25%~33%的新生儿可能通过胎盘垂直传播感染HIV，因此对于孕前明确感染HIV的女性，如生育意愿不强烈，则不主张其备孕。对于在孕前已确诊感染HIV且有强烈生育愿望的女性，应先予抗病毒治疗，待病情稳定后再怀孕。

HIV阳性的女性除常规孕前检查项目外，还应进行以下检查：①评估获得性免疫缺陷综合征（艾滋病）临床分期和母婴传播的概率；②进行全身检查，特别注意有无感染的症状和体征，如肺结核、阴道假丝酵母病感染或梅毒等疾病；③了解免疫系统和病毒感染状况；④男方同时进行HIV筛查。

11. 曾经得过梅毒，现在可以怀孕吗

梅毒是一种由苍白螺旋体引起的慢性、系统性性传播疾病。患有梅毒的孕妇若未经治疗或者治疗不当，则梅毒螺旋体可通过胎盘直接进入胎儿体内，导致新生儿先天性梅毒感染。

梅毒主要通过性接触传播，未经治疗者在感染后1年内具有最强的传染性，随病程推移，传染性逐渐减弱，感染超过4年者基本无传染性。但感染梅毒的孕妇即使病期超过4年，其体内的螺旋体仍可通过胎盘感染胎儿。

曾经患有梅毒的女性如未经治疗或无规范治疗，建议在孕前检测血清中梅毒抗体的滴度，如提示仍具有传染性，需正规治疗

后再怀孕。孕前经过正规治疗且2次检测结果阴性者，可以排除梅毒现阶段感染，则可以备孕。

12. 曾怀过葡萄胎，该如何备孕

首先需要强调的是，怀葡萄胎后避孕至少1年后方可怀孕。这是因为葡萄胎清宫后需要随访血液中人绒毛膜促性腺激素（HCG）水平，如血指标下降减慢或又再上升，要考虑治疗不彻底或恶性葡萄胎可能，所以若短期内再次妊娠，在孕早期将无法区别这两种情况，会影响疾病的诊断和治疗。

成功治疗葡萄胎后，女性的生育功能不受影响，再次怀孕结局通常也是好的，因此无需过分忧虑。

葡萄胎的发生常为空卵受孕或双精子受孕，备孕时改善体质，保持良好的饮食及生活习惯、疏解精神压力、提高卵子质量是确保再次怀孕成功的良好开端。

13. 甲状腺功能异常者如何备孕

患有病毒性弥漫性甲状腺肿（Graves病）甲状腺功能亢进的女性在孕前应当咨询专科医生，如将甲状腺激素水平控制在正常范围内，可考虑怀孕，并最好在抗甲状腺功能亢进药物用量已经调整至维持剂量或已经完成整个疗程后再怀孕。甲巯咪唑可导致胎儿畸形，因此备孕女性应在专科医生指导下，有计划地将甲巯咪唑替换成丙硫氧嘧啶。如果甲状腺功能亢进女性选择注射性核素治疗，至少在治疗结束半年后且甲状腺功能正常时，方可考虑怀孕。

诊断为甲状腺功能减退的女性孕前应咨询专科医师，选择左甲状腺素（LT4）治疗，将促甲状腺素（TSH）水平控制在小于

2.5毫国际单位/升（mIU/L）后可考虑怀孕。对于孕前筛查提示为亚临床甲状腺功能减低的女性，应该立即开始LT4治疗，直至TSH水平小于2.5mIU/L时方可考虑怀孕。

如果备孕女性检查发现仅有甲状腺自身抗体阳性，但甲状腺功能正常，这些女性无需治疗可直接怀孕。

14. 恶性肿瘤术后能否怀孕

现有研究显示，因童年时期患有癌症接受化疗、放疗或者两种治疗的女性，其胎儿患先天性或染色体异常的风险并不增加。除非患者所患癌症是遗传性综合征的一部分，如视网膜母细胞瘤，否则癌症幸存者的后代患癌风险并不增加。而且，现有数据也不支持先前化疗对流产、胎儿死亡或者出生体重的风险有不利影响。但是，孕前曾接受过骨盆照射放疗的妊娠期女性似乎会出现诸如流产、早产、低出生体重和植入性胎盘等并发症。另外，除妊娠滋养细胞疾病外，妊娠本身并不影响任何一种癌症的复发风险。

那么要等待多久？这要取决于原位／转移癌症的种类、母亲年龄、肿瘤大小或者淋巴结转移的情况。除此之外，我们建议有胸部放射治疗史或者接受蒽环类化疗药物［柔红霉素、多柔比星（阿霉素）、伊达比星、表柔比星、米托蒽醌］治疗的女性，准备怀孕前应接受心功能的评估。

15. 哪些类型先天性心脏病患者可以怀孕

先天性心脏病是一种多基因遗传病。目前公认，约90%的先天性心脏病是由遗传加环境相互作用而造成的。

先天性心脏病患者能否怀孕生孩子主要取决于心脏功能的分级。在备孕期就应与心内科和妇产科的医生建立联系，如果确定能够承受妊娠和分娩，这种联系应更加密切。

避免贫血：因为先天性心脏病患者合并贫血会加重心脏的负担，造成恶性循环，引发心力衰竭，故必须积极预防或治疗贫血。

防止感染：任何感染，包括牙龈化脓、上呼吸道感染，都应尽早治疗，以减少细菌性心内膜炎的发生。

备孕女性因做过人工瓣膜移植手术而需使用抗凝剂时，要多加监测。如果必须做瓣膜切开术时，最好在孕前完成手术。

16. 慢性肾炎患者能怀孕吗

对于所有处于生育年龄的慢性肾炎的女性都要进行生育及避孕的咨询，在肾科医生及妇科医生指导下进行充分的评估并了解妊娠的风险。妊娠会使已有的慢性肾炎加重，而且容易并发妊娠高血压综合征，如果原已有较严重的慢性肾炎，孕期往往会出现病情恶化。慢性肾炎病情较轻者对胎儿影响不大，但病情重或病程长者会增加流产、早产、胎儿宫内生长迟缓、死胎及新生儿并发症的机会。

慢性肾炎患者能否妊娠要根据病情决定。若患者病情稳定、血压正常、肾功能正常，另外肾病病理类型属于微小病变、早期膜性肾病或轻度系膜增殖、没有明显的小管间质病变，则一般妊娠结果良好，对原病无不良影响。若患者能理解妊娠后可能发生的问题，主动配合医生监护病情，是可以妊娠的。而狼疮肾病、膜性增生性肾小球肾炎等孕期容易加重，硬皮病、结节性动脉炎累及肾脏，不建议伴有高血压的患者怀孕。

而患有高血压和有大量蛋白尿的慢性肾炎患者因易发生并发症，孕期风险过大，这种情况下，不但胎儿难以存活，甚至会危及母体的生命安全，故不建议妊娠。

周健
同济大学附属第一妇婴保健院

第二章　男性备育

　　很多备育二孩的男性会在门诊这样问医生："已经生过一个了，我会有问题吗，不需要检查了吧？" 很多医生也会附和说："那如果有问题再检查吧。" 于是就诊者满意地走了，留下一张毫无意义的挂号单。备育二孩时，男性究竟需不需要做准备？是不是需要孕前检查？"如果有问题再检查" 是不是说还是有可能有问题的？打算再要一个孩子的爸爸，你准备好了吗？

一、生育力与生育

1. 男性年龄对备育二孩的影响有哪些

其实男性和女性一样，随着年龄的增加，生育能力也会下降，还可能影响优生优育，建议男性生育年龄不要超过40岁。一旦男性超过40岁，可能出现的改变包括以下几种。

（1）睾丸的改变。男性睾丸体积可以维持到60岁仍无明显萎缩，但是在18岁以后即会出现供血改变，睾丸内精原细胞数目逐渐减少，异常精子细胞数增加，睾丸间质细胞数减少。

（2）男性内分泌激素改变。随着年龄增长，健康成年男性血清睾酮浓度逐渐降低，与年龄相关的睾酮浓度减少可能与睾丸血流量减少、间质细胞数目减少、功能降低相关，导致类固醇激素合成减少。

（3）精液参数及生育力的改变。老龄男性的精液参数与青年男性相比差别并不十分显著，但会出现射精量减少、精子活力低下及精浆果糖浓度降低。

（4）患遗传性疾病危险性的增加。父亲年龄大于45岁时，患遗传性疾病风险增加，可能对胚胎质量产生一定的影响，这可能与精子染色体损害增加有关。

2. 男性备育二孩需要做哪方面的孕前检查

备育二孩的男性主要孕前检查内容应包括精液常规分析和常见的生殖道感染检查。

为什么备育二孩要做精液常规分析？道理很简单，因为精液的参数受很多因素影响而呈动态变化，比如说最近身体状态不好，暴露于一些可能影响生育力的物理、化学环境及某些疾病因素。

而且男性精液参数本身就会波动，检查一下了解当前情况是有必要的，这是有没有生育能力的最基本的数据。

门诊最常见的生殖道感染检查项目是支原体、衣原体及一般细菌培养。这些也是可能随着时间的变化而改变的，生第一个孩子的时候没有生殖道感染，生第二个孩子时不能说一定没有。但不是说每种感染原都需要检查，有的就诊者要求全部都查也没有必要。

除了常规和感染检查，具体的检查项目还要因人而异。女方生过第一个孩子后试了很久没有怀上二孩的情况下，男方检查时建议更侧重于生育力深入检查，如精子不活动要查存活率，精子畸形率可能影响受精的情况等；女方在备孕二孩的过程中发生了流产或者生化妊娠时，男方检查时就应加入如精子核完整性检查、精子核蛋白染色检查等项目。

所以说男性备育二孩前建议做一做检查，至于检查做什么内容则需要将个人的情况告知医生，由医生根据实际情况决定。

3. 备育二孩，男性需要做什么准备

备育的准备要从生理和心理两方面来讨论。

育前检查上面已经讨论了，在准备生育前做一个相关的检查，如果发现问题，那么为了优生优育，应该先合理地解决问题。

更多人理解的准备往往是育前吃什么、戒什么、注意什么。其实保持健康的生活习惯和良好的身体状态即可。正常备育并不是一定要吃提高精子数量和活力的药物或保健品，也并不一定需要在生活中什么都戒。

不少男性在备育期间会刻意"存"精子，也就是禁欲。这是不科学的。正常备育需要保持正常频率的性生活。

很多人会把中医调理列入孕前准备的范畴，但中医不是万能的，中药也不是绝对安全的，无缘无故吃药肯定不够科学。

事实上，应重视备育期间心理准备，但却经常被忽略。首先，准备孕育下一代前，对自我的认识、人生观和价值观可能发生的变化，包括从备育到生育整个流程的心理问题是需要重视的。这一方面的误区甚至可能影响实际备育的过程。

4. 以前生过孩子的男性是不是就没有生育问题

当然不是。精液的状态是动态波动的，即使以前生育的时候精液完全正常，现在也不一定都能保持正常。

生过孩子的男性，备育二胎出现生育问题一般有两种情况。第一种情况是原本精液正常，在备育二胎时，由于某些因素或者只是随着年龄的增长可能出现精液参数的异常。第二种情况是在生育第一胎时，男方的精液参数已经是异常的，但即使异常也有一定的概率能够使女方正常怀孕，只不过不一定能次次中奖罢了，何况也受到女方生育力因素的影响。所以当年能生育不代表现在也一定能，备育男性应该完善检查，如有必要则应按医嘱合理诊断治疗。

5. 大龄男性备育二孩的风险有哪些

目前，男性年龄增大是否会引起新生儿出生缺陷发生率增加日益受到关注。已有研究表明，随着男性年龄增加，精子DNA碎片率增加，男性精子DNA损伤容易导致流产。所以男性平时应注意保护精子，养成良好的生活习惯，不吸烟、不饮酒，避免接触有毒化学物质、放射线，避免高温。如果遇到反复流产的情况，必要时应检查精子DNA碎片率。年龄较大的夫妇，应该积极进行胎儿排畸检查，避免新生儿出生缺陷。

相对来说，男性的适宜生育年龄段要比女性长一些，20~35岁是男性生育力最旺盛的时期，精子质量最佳。大龄男性的精液质量会明显下降（如精液量、精子活力、精子浓度等下降及精子畸形率上升），生育能力也随之明显降低。男性在40岁以后，使女方怀孕的概率下降，且怀孕后女方流产的风险会数倍增加，宫外孕、自然流产、孕期并发症、胎儿出生缺陷等的概率也会增加。因此，打算生育二孩的夫妇，双方都应该在孕前尽早做好孕前检查。做好充分准备可以将高龄夫妇生育二孩的风险降到最低。

6. 男性年龄大了，精子活力低，会影响二孩质量么

精子和卵子结合，形成受精卵。受精卵逐渐分裂成长，发育为胎儿，最后健康可爱的宝宝降临人世。由此可知，精子对于优生优育是何等重要。有的男性精液中的精子活力比较低、成活率不达标、数量不足，这种状态下，即使女方怀孕，往往也容易发生意外，如流产、胚胎停止发育、胎儿异常等现象，常常与精子质量不高有关。

影响胚胎质量的因素很复杂，而怀孕前心理状态、怀孕年龄、怀孕时身体状态、生活状态、怀孕时家庭环境和工作环境等都可能会对胚胎发生影响。虽然精子活力低可能影响受孕过程，但是其与胎儿质量的相关性目前尚无定论。不过男性精子活力低增加了不孕不育的风险，给夫妻双方造成较大压力，从而影响夫妻双方的备孕心情，增加了生育风险。

准备生育二孩的育龄男性，应避免各种人为的不利于生育功能的不良因素，如嗜烟，酗酒，吸毒，服药不当，过多接触有害、有毒物质等，为生一个健康宝宝作好育前准备。

7. 精子的数量、活力持续多长时间会产生变化

精液常规参数是随时间变化的，有的是正常波动，有的是因为病理生理的因素产生变化。

有说法说精子的数量、活力要3个月才会发生变化。理论上，精子从发生到凋亡的最长时间是70多天，2个多月。但是这个周期并不意味着一个男性的精子3个月量产一批，实际精子的发生和成熟是持续进行的。举个很简单的例子，一次射精过后，即使在当天连续再有几次射精，射出的精液中依然会有大量精子，可能数量会减少，但不会没有。

因此，精子的变化每时每刻都在发生，精液检查只是一个抽样检查，结果用以推断精液的整体情况，但每时每刻的变化不一定明显的在报告上体现出来。

8. 有生育史的男性是不是会出现少精子症

备育二孩的男性可能会出现少精子症，可能是再次备育时出现的情况，也可能一直都是少精子症。

一般备育二孩的男性中严重的少精子症、隐匿精子症相对少。但一般程度的少精子症并不罕见，其原因可能和睾丸功能的变化、内分泌水平的变化及射精频率和其他生活环境、习惯的影响有关。

9. 有生育史的男性是不是会出现弱精子症

相对于少精子症，弱精子症更易发生，也更多发生。精子总活力为前向运动精子和非前向运动精子百分比的总和，也就是通常说的精子活率。在弱精子症的诊断中前向运动精子的比例更为重要，因为非前向运动精子理论上并没有受精的机会。前向运动精子的变化通常和生活习惯、状态（内因）及环境、暴露因素（外

因）有关。由于影响因素众多并且精子活力的变化较快，因此临床上弱精子症的病例数多于少精子症。

10. 有生育史的男性是不是会发生无精子症

无精子症按性质可以分为两大类：一是精子发生的功能正常，但精子输送管道梗阻，因而精液中找不到精子，称梗阻性无精子症；二是睾丸发生精子的功能丧失，称非梗阻性无精子症。

以前有过生育史的男性也是有可能发生无精子症的，但大多数情况下发生的都是梗阻性无精子症，节育手术就是利用这个原理达到避孕的目的。大多非医源性继发的梗阻性无精子症是由于生殖道炎症引起的，如附睾炎、输精管炎及精囊炎等。这些梗阻性无精子症一般可以通过取得睾丸内精子行辅助生殖技术或者通过手术复通管道进行治疗。

非梗阻性无精子症当然也有可能发生，某些导致睾丸功能不可逆损伤的情况可能使原来有生育能力的男性发生无精子症。这些因素应当是明显的，不会无迹可寻，如睾丸外伤、扭转、萎缩或一些较强的物理、化学因素直接损伤睾丸的生精细胞等。

11. 无精子症的男性还可以有孩子吗

绝大部分非梗阻性无精子症无法在睾丸内找到精子，也就是说，这些非梗阻性无精子症的患者需要接受供精治疗或者领养孩子。

梗阻性无精子症患者一般可以找到精子。现在试管婴儿的技术水平可以用稀少精子使卵子受精，形成胚胎。也就是说梗阻性无精子症患者是可能有自己的生物学亲生孩子的。

12. 有生育史的男性是不是会出现畸形精子症

答案是可能会出现。任何男性的精液中都存在正常形态的精子和异常形态的精子。异常形态的精子超过一定的比例，就会成为畸形精子症，与是否有生育史没有任何关系。即使是有正常生育史的男性的精液中仍然会有一定比例的异常形态精子。

13. 精子畸形率高会生育畸形的孩子吗

到目前为止并没有明确的证据表明精子畸形率高会生育畸形的孩子。

精子和卵子的结合是一个非常复杂的过程。男性每次性生活都会射出千万条以上的精子，但是最终到达输卵管的只有极少数的"精英"精子。因为卵子及生殖道中存在各种选择、淘汰精子的能力，那些"缺胳膊少腿"的精子，在选择的过程中都将被淘汰。最后通常只有1个精子和卵子相结合，完成受精。虽然我们并不能确定哪个精子能授精，但应该是活动力最好，形态正常的精子和卵子相结合，形成胚胎。因此，畸形率高会增加怀孕的难度，是否会造成畸形儿需要进一步的检查和研究。

14. 什么是精索静脉曲张

精索静脉曲张可以定义为精索的静脉回流受阻或瓣膜失效，血液迫流，引起血液淤滞，导致蔓状静脉丛迂曲扩张，可以伴有同侧睾丸生长发育障碍、疼痛和不适感，并可引起不育。

精索静脉曲张被认为是男性不育症最常见的病因之一，但由于其导致不育的机制尚未明了，临床上对精索静脉曲张伴不育的处理和效果尚无定论。精索静脉曲张是一种生理异常，并不值得在临床上过度干预。

15. 精索静脉曲张应该如何治疗

确定精索静脉曲张的治疗原则非常重要。根据近年的临床指南，精索静脉曲张的治疗原则可以概括为：个体化、微创化、不过度。也就是说，精索静脉曲张治疗选择应考虑个体情况，包括程度、生育力评估、是否有生育需要、年龄、症状、睾丸体积和功能等。治疗应优先选择无创、微创、并发症少的方法，并不首推手术方式解决。

精索静脉曲张的治疗手段包括非手术治疗和手术治疗。非手术治疗包括期待观察和药物治疗。一般不影响生育或者没有生育要求的症状不明显的患者、青少年患者可以持续观察。与不育相关的精索静脉曲张患者可以考虑使用针对提高生育能力的药物治疗，也可使用活血通瘀的中药对症治疗精索静脉曲张的症状。

16. 前列腺炎是否会影响生育

前列腺炎指前列腺发生的炎症，包括感染性和非感染性。前列腺炎是成年男性的常见病之一，可以影响各个年龄段的成年男性。而前列腺炎对男性生育功能的影响主要体现在：影响精液的酸碱度；影响精液的液化；细菌或其他微生物对精子的直接影响；影响精液的量；影响精液中过氧化物、微量元素、能量代谢等。但前列腺炎是否对生育造成影响，应该通过前列腺液常规、精液常规及细菌、支原体、衣原体培养等全面检查，才能做出判断。

二、生活方式与生育

1. 哪些原因会引起生育过的男性生育力下降

引起男性生育力下降的原因有很多。继发性不育的原因多数是后天因素。可以大致将这些因素分为两类：内因，即自身的影响；外因，即环境因素。

（1）环境污染：环境中的有害化学物质包括汽车尾气、雾霾、有毒的家装材料和涂料、含苯油漆等，都可以引起男性睾丸生精功能的下降，导致精子数量减少和畸形精子增加。一定剂量的电离辐射会造成生精功能的损伤，造成生育力的下降。某些重金属污染物，如铅、镉、硼、锰、汞等，对男性生殖系统也会有不同的影响。

（2）不健康的生活习惯：吸烟、饮酒、熬夜、桑拿等都会影响生精细胞的功能，导致精子生成减少，精子活动能力降低。

（3）泌尿生殖道感染：是由不良卫生习惯或不安全的性行为导致的生殖道感染，如生殖道感染导致的抗精子抗体阳性、淋病继发输精管梗阻等都会严重影响男性的生殖能力。

（4）从事特殊工种：长期从事放射医学、塑料制品生产、制鞋、油漆、电焊等工作及长期在污染和高温环境下的人员，精子数量和活力显著下降。

（5）食用影响生育的食物、滥用药物：如长期食用棉籽油会对生精小管产生不可逆的伤害；抗癌药、抗病毒药、部分降糖药、激素类药、抗生素等一些药物都会损害男性的生殖功能。

2. 吸烟对男性生育力有哪些影响

吸烟有可能影响男性的生育能力。但很多吸烟者同样可以正常生育自己的孩子，吸烟和其他很多因素一样，仅占一部分权重。

吸烟可增加膀胱癌发病率，增加患冠心病风险，还是影响男性生育能力的独立原因之一。许多研究表明吸烟会降低精液质量，导致少精子症、弱精子症和畸形精子症等。

香烟中尼古丁和多环芳香烃类化合物等物质可直接影响精子

发生，降低精子运动能力，收缩阴茎动脉，改变睾丸和附睾血流动力学，影响精子发生和成熟。

吸烟可促使体内产生大量自由基，使精子膜脂质中的多不饱和脂肪酸发生脂质过氧化反应，导致精子活力下降或精子死亡。

重度吸烟使睾丸间质细胞合成睾酮的能力下降，改变生精过程；长期吸烟可使香烟中的有害物质通过吸收进入血液循环，影响睾丸生精细胞发育，改变精子成熟所必需的生化条件；香烟烟气凝结液抑制保持精子活力的胆碱乙酰化酶，影响生殖细胞的成熟和增殖，造成精子活力下降，运动能力减弱。

3. 饮酒对男性生育力有哪些影响

过度饮酒会影响男性的生育能力。

众多研究表明饮酒会造成精液质量的下降，如精子浓度、精子活力、精子活率等指标下降，精子畸形率增高，但对精液量和液化的时间没什么大的影响。而且饮酒对男性的生育力的影响存在量效和时效，即饮酒量越多、饮酒时间越长对精子造成的影响就越大。

4. 吃什么可以改善精子质量

这是男科门诊被问得最多的一个问题，不论精液质量指标好不好，就诊者都会问医生回去吃点什么好。

实际上，民间、中医、养生学都有很多说法，也许不无根据，但肯定都不是百试百灵的。临床上建议，只要营养均衡丰富，饮食量合适，进食时间固定，其他没有什么可以深究的。

尽管如此，以下还是总结了一些中医理论中可能对生育能力有影响的食物。

（1）泥鳅含优质蛋白质、脂肪、维生素A、维生素 B₁、烟酸、铁、磷、钙等。其味甘，性平，有补中益气，养肾生精功效。对调节性功能有较好的作用。

（2）牡蛎含有丰富的锌元素及铁、磷、钙、优质蛋白质、糖类等多种维生素，男子常食牡蛎可提高性功能及精子的质量。对遗精，虚劳乏损，肾虚阳痿等有较好的效果。

（3）鸽子作为扶助阳气强身妙品，具有补益肾气，强壮性机能的作用。

（4）羊腰子含有丰富的蛋白质、脂肪、维生素A、维生素 E、维生素C、钙、铁、磷等。其味甘、性温，有生精益血，壮阳补肾功效。

（5）韭菜又名起阳草、懒人菜、长生韭、扁菜等。研究显示，韭菜含有较多的纤维素，对习惯性便秘有益，对预防肠炎、治疗阳痿有效。

（6）松子是重要的壮阳食品。中医认为，松子仁味甘，性微温，有强阳补肾、和血美肤等功效，对食欲缺乏、疲劳感强、遗精、盗汗、多梦、体虚、缺乏勃起力度者均有较好疗效。

另外，精子形成的必要成分是精氨酸。精氨酸含量较高的食物有鳝鱼、泥鳅、鱿鱼、带鱼、鳗鱼、海参、墨鱼、章鱼、蜗牛等，其次是山药、银杏、冻豆腐、豆腐皮。精子量少的男性多食此类富含精氨酸的食物，有利于精子量增加，从而促进生殖功能。另外，体内缺锌亦可使性欲降低，精子减少。精子量少的男子，可先做体内含锌量检查，若因缺锌所致，应多吃含锌量高的食物。

5. 男性在备育期间能喝咖啡、浓茶和碳酸饮料吗

到目前为止，对于男性备育期间喝浓茶、咖啡和碳酸饮料对生育力的影响尚没有明确的结论。

茶，作为世界上消费最广的热饮料，可以镇定神经、排泄体内多余的水分，甚至可以抗癌。一般情况下饮茶不会影响生育力的。

国外有研究表明惯常饮用浓咖啡或者喜好饮用含咖啡因的饮料，如可乐的人，受孕的平均时间会延长。然而，也有研究显示咖啡并不会延长受孕时间。

男性若每天喝太多含咖啡因和糖分的酸性饮料，不仅会发胖，还会降低性欲，引发精子异常而不育。对于碳酸饮料是否影响生育力，有报道说碳酸饮料可以杀死精子，降低精子的活力，但是没有规模的样本证实。

因此，备育的男性，如果有长期喝浓茶、碳酸饮料和浓咖啡的习惯，建议减少摄入。

6. 骑自行车会对生育有影响吗

到目前为止，对于骑自行车对生育力是否有影响尚没有明确的结论。

经常骑山地车有可能降低男性的生育力。在崎岖的地面骑自行车造成的颠簸和振动会在阴囊内造成瘢痕，减少精子生成。但这些异常常见于职业山地车骑手和骑自行车多的人［每年行程至少3 000公里（km）或者平均每天超过2小时，每周超过6天］。研究认为户外运动的持续热量和骑车过程中人体与自行车座椅的摩擦是损伤精子质量的两大因素，人们骑自行车时间越长、强度越大，精子质量所受到的影响就可能越大，而且这种损伤非常难恢复。

事实上普通人要达到上述的量很困难，即使是能达到也是很少一部分人，因此该结论有待进一步研究。而这种积极健康的生活方式还有许多益处，如预防心脏病。研究还表明1周之内少于3小时的自行车运动有助于预防勃起功能障碍，但超过3小时则会显著增加勃起障碍的风险。另外，完全不运动也可能导致男性勃起功能障碍。

学者们建议在自行车上安装减震装置或悬挂系统来减轻颠簸；更换新的宽坐垫并在坐垫上设计孔或缝来避免阴茎动脉受压；长途骑车时你可以时不时抬起屁股离开座椅；骑车时要穿有护垫的短裤，以避免一些损伤。

7. 是不是多运动精子活力会提高

能够影响精液质量的因素有许多，如遗传、生活习惯、内分泌紊乱、微量元素缺乏等。体育锻炼并不能直接提高精子数量或活力，但经常运动可以提高身体素质，良好的身体素质与生育力还是有关的。

动物实验表明有氧运动能显著改善雄性SD大鼠的精子质量，尤其是中度有氧运动，能够显著提高精子浓度、活力，降低畸形率。

国外有学者报道精液质量与肥胖有关，男子减肥后当爸爸的概率会升高。在生活中减少高脂肪食物，如红肉、奶油等的摄入，能够增加精子的数量，吃大量的水果、蔬菜，摄入更多抗氧化剂，会使精子活力更高、游动更快。

多参加体育锻炼不仅可以保持健康的体力，还是有效的减压方式，可以提高人体的免疫力，预防疾病的发生，对精液质量的改善也是有帮助的。

男性过度肥胖会导致腹股沟处的温度升高，损害精子的成长。达到合适的体重指数可以改善精液的质量。但锻炼强度要适中。压力大的男性可考虑每天运动30分钟左右，适量的运动应以不引起疲劳为标准，运动时应穿宽松的衣服以利散热。

8. 手机和计算机对精子质量的影响有多大

世界卫生组织（WHO）指出："从数赫兹（Hz）到数百赫兹的不同频率的电磁源对生物体的作用是不同的，不能混为一谈。"电磁环境暴露对生物体产生什么影响取决于电磁源的波长（频率）及其能量的大小，只有超过人体补偿机制的生物作用才会对健康造成有害影响。还会因每个人的个体差异而造成不同程度的影响。

睾丸是对电磁辐射敏感的靶器官之一，电磁辐射可以引起睾丸结构和功能损伤，影响生殖激素水平，造成性功能和生育能力下降。动物实验表明SD大鼠暴露于全球移动通讯系统（GSM）890~915 mHz移动电话辐射中（3分钟/天），持续30天，观察到平均精曲小管直径改变。还有关于电子产品的电磁辐射对生殖健康影响的研究，如移动电话电磁辐射对小鼠精子的损伤作用的研究中，在连续接受移动电话辐射35天，每天2小时，1 400微瓦（μw）/平方厘米（cm^2）辐射组的小鼠精子活率明显下降，并出现精子超微结构的改变。雷达辐射和手机辐射都能引起男性精子质量下降，研究发现类似手机发出的电磁辐射可引起男性精液中细胞活性氧（ROS）含量增高，降低精子的活力、活率和抗氧化能力。电磁辐射还可致离体精液中精子DNA碎片化显著增加。

9. 如何改善生活习惯以提高精子质量

以下生活习惯有助于提高精子质量：节制或戒除烟酒；避免不良的生活方式，养成良好的清洁习惯；避免和减少可致阴囊温度升高的生活方式，如少去桑拿浴室，不要长期穿紧身裤等。放松心态、充足睡眠；注意饮食，注重精氨酸、维生素C、维生素E、锌、硒等有利于精子生成的成分的摄入；禁止食用影响生育的食物，如粗制棉籽油等；食用蔬果前彻底清洗，残留的农药长期食用也会影响生精功能。减少或避免接触有害物质，避免环境中的污染物、电离辐射、重金属污染物等。这些都可对生殖功能的负面影响。

三、流产与生育

1. 有正常生育史的男性备育二孩，其配偶会发生流产吗

有正常生育史的男性，其配偶也可能发生流产。流产的确有一部分原因是由遗传因素导致的，但遗传学上检查出可能导致流产的因素，小到基因，大到染色体，都仍然会有一定比例正常生育。譬如染色体中比较常见的染色体易位可能导致流产，但也有正常生育的可能，只是这个比例在1/8~1/6，甚至更低。当然，这样的概率也就意味着有过正常生育史的男性因为遗传因素导致流产的可能性会大大降低。

那么，还有哪些因素可能引起正常生育过的男性的配偶流产呢？最常见的因素是精子本身质量差和潜在的一些生殖道炎症。这里说的精子质量主要指影响胚胎质量的因素，目前临床常见的包括精子DNA碎片率检查、精子核蛋白苯胺蓝染色等。另外，生殖道炎症也可能增加女方流产的概率，如人型支原体、衣原体感染都应当在备孕前明确排除。

2. 女方有流产史，男方要查染色体吗

造成流产的男性因素中，一般遗传因素占半数以上。因此，很多妇科、生殖科医生及部分男科医生都会建议染色体检查。

实际上，遗传因素有很多，但一般很少是染色体的问题。染色体检查的正常率是相当高的，而且有些染色体报告提示多态性改变，这样的情况通常也不是病理性的。只有少数的倒位、易位

的情况可能引起一定概率的流产。因此，一般建议1~2次流产不必须查染色体，而多次反复流产，还是建议男方进行染色体检查。

3. 女方有流产史，男方要查Y染色体微缺失吗

Y染色体微缺失与女性流产之间的关系尚没有明确的结论，存在争议。

能够引起流产的因素众多，如遗传因素、内分泌因素、生殖道解剖异常、血栓前状态、生殖道感染、免疫因素及其他因素。目前认为，Y染色体微缺失并不是配偶流产男性需要检查的常规项目。

4. 女方流产和男性生殖系统的炎症有关吗

引起女方流产的生殖道感染类型不少，如人型支原体、衣原体，还有部分真菌和细菌。其中相当一部分病原体是可以通过性传播的，也就是说男方的生殖道感染也可能影响女方流产。

其他一些炎症，如Ⅲ型前列腺炎，虽然是无菌性的，但也会增加配偶流产的概率。这类炎症虽然没有确实的感染原，但根据目前研究，慢性前列腺炎和精子DNA碎片率的升高有关联，因此也考虑可能增加女方流产风险。

5. 精子活力低会引起女方流产吗

精子活力低不会引起流产。

精子活力低造成的结果是精子没有足够的能力支持到和卵子相结合，就不会有形成胚胎的机会。所以，精子活力低可导致不育症。

6. 精子畸形率高会引起女方流产吗

精子畸形主要与怀孕概率有关，是否与流产有关系还需进行检查排除其他问题后，才能定论。

首先，受精过程中能与卵子结合的精子都应该是形态正常的精子。精卵可以结合形成胚胎，说明精子的受精功能是好的，至于胚胎是否可以正常生长发育，则取决于来自于精子和卵细胞的遗传物质，而不是取决于精子的外形。要排除精子的原因，需要进行男性外周血染色体核型检查，排除遗传因素导致的精子畸形。在临床上男性遗传异常导致流产中有些是精子畸形率增高，但有些人的精子形态却是完全正常的，所以精子畸形率高与女方流产并没有必然的相关性。

四、性功能与生育

1. 为什么备育二孩时发现自己出现早泄了

从目前看，射精功能障碍的人可能要多于勃起功能障碍者。早泄是射精功能障碍中最常见的一种。不少男性在备育二孩时发现性生活中射精比第一次试孕明显要快。当然很多人都会将这样的情况归咎于年龄，或者认为可能是这段时间过于劳累导致的。

早泄的原因包括功能性因素和器质性因素。功能性因素包括：焦虑和抑郁等心理因素、个体身体素质的差异、性生活少而致敏感阈降低、情绪紧张或过度兴奋及疲劳或精力不足等。器质性因素则包括：阴茎海绵体肌反射快、引起交感神经器质性损伤的疾病（如盆腔骨折、前列腺肿大、动脉硬化、糖尿病等）、生殖器官的疾病（如包皮异常、慢性前列腺炎等）。

一般来说备育二孩时才出现的早泄，临床分类应定为继发性早泄。继发性早泄中器质因素相对较少，常见主要由前列腺炎等加重导致，多数为功能性因素。从目前国内就诊患者的情况来看，最常见的因素是由于上次生育后性生活次数减少，甚至长期禁欲导致的。

2. 早泄会影响精子的质量吗

早泄不会影响精子质量，但的确不少早泄患者同时伴有精液参数的异常。

早泄本身只是一种功能性的障碍。国际性功能障碍医学会（ISSM）2007年关于早泄的最新定义："是或几乎总是发生在插入阴道以前或插入阴道的1分钟以内射精；完全或几乎完全缺乏控制射精的能力；造成自身的不良后果，如苦恼、忧虑、挫折和（或）回避性接触等。"这其中完全没有提到精液质量会不会受到影响。

然而，精液参数异常和早泄存在一些共同的影响因素，如一些亚健康的生活习惯、前列腺炎等，可能是这些因素的作用使早泄的患者发生精液异常。

3. 是不是精子存久一些质量会更好

人体很奇特，有时候不是存久了就能变多，也不是用得频繁就会变少，反而是不用则下降，这在医学上称为负反馈机制。就好像经常锻炼的人体力会更好一样，经常射精也会使精子更健康。

这个问题实际上应当讨论精子存久了会有什么不良影响。首先，过长禁欲或者排精不规律常会导致前列腺炎症。尤其是无菌性前列腺炎有相当一部分由于前列腺液积聚过久导致，而其中一部分前列腺炎是影响精液参数的，也可能引起生殖道感染。其次，长时间禁欲可能影响精子正常代谢的规律。从目前大数据分析结果来看，随着禁欲天数的上升，精子活力会逐渐降低，而精子

DNA碎片率会升高。也就是说，随着禁欲天数的增长，精子质量实际上是越来越差的，对生育力和流产风险都有影响。

4. 备育二孩时出现勃起不坚，是不是需要做人工授精

勃起功能障碍是泌尿男科常见疾病，也就是人们熟知的"阳痿"。目前其发病机制仍未完全明了。

诊断勃起功能障碍包括症状诊断和病程诊断。一般通过表现为勃起或勃起维持时间不能完成满意性生活为症状诊断标准；情况维持6个月以上为病程标准。那么，如果备育二孩过程中出现勃起不坚，首先需要评价勃起的硬度、维持时间、晨勃或夜间勃起情况、性生活频率、性欲情况等来判断是否满足症状标准，其次，症状需要有一定时间，不要偶尔性生活失败一次就认为是自己"阳痿"了。

勃起功能障碍有它的治疗原则。勃起功能障碍的人群中，至少半数以上是存在心理因素影响的，因此，发现勃起功能的下降，首先不是考虑直接去做人工授精或试管婴儿，而应当正确认识，明确诊断，先按勃起功能的治疗原则进行治疗。

5. 正常勃起应该维持多久

这是个很多男性会关注的问题。男性的性功能包括性欲唤起、勃起、性交、性高潮和射精5个方面。勃起的整个过程应当是从性唤起开始，到完成射精后逐渐消退。

在性功能的诊断中，并没有针对时间定标准，勃起功能是以一定次数、一定强度以上的自发勃起来评估的。然而诊断标准确实提到了勃起维持时间不能完成满意性生活作为诊断标准。只能说这个时间是因人而异的，一般在正常的时间内，未完成射精就疲软则考虑勃起功能障碍的可能。

6. 感觉房事性欲不高，是不是雄激素的问题

　　男性的性生理特点决定男性的性欲来得快而且强烈，视觉及触觉所引起的性幻觉可以激发性欲，男性的性高潮消退也很快。在性高潮以后，有不应期，即对性欲不感兴趣，阴茎不能受性刺激而勃起，年轻人不应期较短，老年人不应期较长。

　　一般将男性性欲低下的原因分为功能性因素和器质性因素。功能性因素包括：精神性因素，即精神心理状态或社会、人际环境的关系抑制性欲的产生，这是最为常见的引起性欲低下的因素，错误的性认知、情绪紧张及既往的不良经历都可以引起精神性性欲低下；社会因素，如现代生活节奏快、竞争激烈、工作压力大及人际关系的不协调会影响性欲；情境因素，包括紧张、疲劳、场合不合适等。器质性因素包括：内分泌系统疾病，其中雄激素降低确实是较常见的类型，其他包括神经系统疾病，脑血管疾病引起的偏瘫会导致性交频率降低，癫痫在一部分患者中可影响性腺轴的功能，如性腺功能下降、功能性高泌乳素血症等，而大部分导致痴呆和抑郁的脑退行性病变都会引起性欲低下；男性生殖系统疾病，如阴茎发育不全、阴茎硬结症、慢性前列腺炎、生殖器肿瘤、尿道损伤等，均可因机械性、生理性或心理性因素对性交造成一定负面影响，进而影响患者的性欲水平，导致性欲低下。还有如全身性慢性疾病、药物影响等都可能影响性欲。

　　既然雄激素下降不是性欲低下的唯一原因，那自然雄激素治疗也不是绝对的解决方式。男性雄激素下降常见于迟发性性腺功能减退，也就是常说的男性更年期综合征，而一般这种情况出现在40岁之后，应通过性激素检测，尤其是游离睾酮检测确定。如果检测总睾酮、游离睾酮都在正常范围那就没有理由用雄激素治疗。

滕晓明　范宇平　黄文强　刘国霖
同济大学附属第一妇婴保健院生殖医学中心

第三章　不孕不育防治

　　如今，全球有10%的家庭有不孕问题，有国外专家甚至将这一现象称为"不孕潮"。近年来，中国国民的生育能力也在不断下降，不孕不育的比例已与西方接近。据报道，目前每8~10对夫妻中就有1对需要辅助生殖技术的帮助来受孕。育龄夫妇应合理地安排生育计划，无论是第一胎还是第二胎，规律性生活1年不孕都需要经正规途径就诊，积极助孕。接下来这一章跟大家详细分享常见的不孕不育小知识。

一、何为不孕不育

1. 什么是不孕？什么是不育

不孕症的医学定义："育龄夫妇未采取任何避孕措施，有规律的正常性生活1年后仍未受孕的状况。"

对于女性，从未妊娠者称"原发不孕"；有过妊娠而后不孕者称为"继发不孕"，如曾有过生育史、流产史或宫外孕史等，之后正常性生活1年未再怀孕。

对于男性，称为"不育"。男性不育的病因分类可根据生育能力分为绝对不育（无精子症）和相对不育（精子数量少或精子活力低等）；按临床表现可分为原发性和继发性不育；按病变部位可分为睾丸前性、睾丸性和睾丸后性。

因此，育龄夫妇未采取任何避孕措施，有规律的正常性生活1年后仍未怀孕，建议夫妻双方及时于正规医院生殖中心就诊。

2. 造成女性生育障碍的原因有哪些

多项流行病学调查结果显示，不孕夫妇中，女方因素占40%~55%。主要有如下几个原因。

（1）输卵管因素：约占女性不孕症的40%。输卵管具有运送精子、摄取卵子及把受精卵运送到子宫腔的重要作用，若输卵管功能障碍或者宫腔不通则可导致女性不孕。导致输卵管病变的因素包括输卵管的结构异常或输卵管炎症、子宫内膜异位症、各种输卵管手术，甚至输卵管的周围病变，如附近器官手术后的粘连和压迫等。此外，性传播疾病，如淋球菌、沙眼衣原体、支原体的感染可造成输卵管的损伤，可引起不孕。

（2）排卵障碍：约占女性不孕症的40%。各种内分泌系统紊乱或者异常引起的排卵障碍也是女性不孕的重要原因之一。引起排卵障碍的因素有卵巢病变、垂体疾病、下丘脑损伤及甲状腺或者肾上腺功能亢进或低下等，在不孕女性中最常见的为多囊卵巢综合征。

（3）宫颈和子宫因素：约占女性不孕症的10%。宫颈形态和宫颈黏液功能直接影响精子上游进入宫腔；子宫具有储存和输送精子、孕卵着床和孕育胎儿的功能，因此宫颈与子宫在生殖功能中起重要的作用。引起不孕的常见原因包括：宫颈和子宫的解剖结构异常，如宫颈息肉、子宫黏膜下肌瘤、子宫纵隔；感染、宫颈黏液功能异常、宫颈免疫学功能异常、宫腔粘连等。

（4）外阴与阴道因素：处女膜发育异常，阴道部分或者完全闭锁、阴道损伤后发生瘢痕狭窄等均可以影响正常性生活，阻碍精子进入宫颈口。严重的阴道炎也会引起微生物和白细胞增生，降低精子活力，引起不孕。

此外，女性35岁以后生育力下降，主要表现在卵巢的储备下降和染色体畸变增加，准备要两个孩子的女性应该早作准备。

3. 造成男性生育障碍的原因有哪些

男性不育的原因常见于精子生成障碍与精子运送障碍。

（1）精子生成障碍：包括遗传因素、内分泌因素、原发性睾丸功能衰竭、外伤性及医源性睾丸损伤等因素。

（2）精子运输障碍：包括先天性精道发育不全、获得性精道梗阻、医源性精道结扎、动力性精道舒缩异常、完全性射精管梗阻、发育性射精管囊肿等。

（3）其他：精子成熟障碍、精子受精功能异常及勃起功能障碍导致的阴道内射精异常等。

4. 不孕不育发病率上升的原因有哪些

不孕不育症是影响男女双方身心健康及家庭和睦的全球性问题。我国不孕症发病率占育龄女性的8%~32%，累及10%~15%的育龄夫妇。事实上，不孕不育病因相当复杂，有的不育夫妻可能多个病因并存。女性婚育年龄的延迟、人工流产的失控、不良的现代生活方式（如过度节食减肥、吸烟饮酒、熬夜）、巨大的工作精神压力是造成不孕不育率迅速上升的主因。另外，随着工业化和城市化的进程，环境污染的加剧，使男性无精症、少精症、弱精症患者也明显增加，生精细胞损害，精子质量下降，从而引发男性不育。

5. 哪些是不孕不育的高危人群

不孕不育症的高危女性有：①大于35岁（卵巢功能下降）；②有过人流、药流、宫外孕、盆腹腔手术或炎症、结核病史（影响输卵管通畅性）；③不良生活嗜好，如吸烟、饮酒等；④某些职业，如长期从事高强度体力劳动，在高温、放射、有害物质存在的环境工作；⑤患某些疾病，如多囊卵巢综合征、子宫内膜异位症、高泌乳素血症、高雄激素血症、卵巢早衰等；⑥过度肥胖。

不孕不育症的高危男性有：①不良生活习惯，如大量吸烟、嗜酒等；②过度肥胖；③患精索静脉曲张、性功能障碍、睾丸发育异常等疾病；④小时候得过腮腺炎或吃过棉籽油；⑤有家族性不孕不育遗传史；⑥长期接触有毒、有害物质或接受过大剂量放化疗。

6. 第一胎自然受孕是否表示第二胎肯定也能自然受孕？生过孩子的妈妈是否可能存在生育障碍

　　第一胎自然受孕不能代表第二胎也能自然受孕，生二孩时可能男女双方都会有生育障碍。对于准备生二孩多年却努力无果的夫妻，我们建议夫妻双方都来医院做检查，排除生育障碍。

　　女方生完第一胎之后无论是剖宫产还是顺产，如果夫妻二人积极备孕1年以上没有怀孕，那么女方就可以来医院检查一下有没有输卵管阻塞或者年龄增大所致卵巢功能的下降。如果女方生完第一胎后有急性盆腔炎或者子宫内膜异位症治疗史的，有可能会对第二胎的自然受孕产生影响。

　　对于男方而言，之前能让老婆怀孕，并不代表之后精子质量就完全没有问题。临床上经常遇到男方第一胎让妻子自然受孕，准备怀第二胎时却表现出严重少精、弱精或者无精子症，这可能与男方的工作环境、饮食习惯、不良嗜好或者生活压力、年龄等因素有关。

7. 月经每次都不规律，会导致不孕么

　　月经来潮是子宫内膜周期性生长和脱落的过程，这个过程受到卵泡发育中雌、孕激素变化所调控。正常的月经周期提示卵巢有规律的排卵过程，而月经不规律往往提示卵泡发育异常，会降低受孕的概率。因此，建议月经不规律的女性再准备怀孕的时候，可以进行卵巢排卵情况的检查。

8. 既往有人工流产史，会导致不孕不育么

　　人工流产常被许多女孩认为是一种"安全、无痛、无后遗症"

的小手术。然而，人工流产干扰了正常怀孕的生理过程，并且需要进入女性子宫腔内进行有创性的手术操作，对女性生殖健康将造成一定影响。因此，人工流产实属不愿接受意外怀孕结果的无奈之选。

　　人工流产术，特别是反复的、消毒不严格或操作不当的人流，可能发生妊娠残留、子宫内膜损伤、子宫穿孔、流产感染等并发症，并引起局部，甚至全身免疫系统的失衡，还可能带来巨大的精神创伤。远期继发宫腔粘连、宫颈粘连、盆腔感染、子宫内膜异位症、输卵管阻塞、盆腔粘连，所有这些影响均能增加女性不孕的风险。因此，若暂无生育计划或因各种原因暂不适合生育的夫妇，应根据情况选择安全、可靠的措施避免意外怀孕。如确需终止非意愿妊娠，应选择正规医院，由有经验的医生实施终止妊娠的手术。

9. 我有"多囊"，是不是不能自然受孕

　　这里所说的"多囊"其实是个非常不确切的说法。临床上有两种情况，一是指多囊卵巢综合征，这是一种生殖功能障碍与糖代谢异常并存的内分泌紊乱综合征，持续性无排卵、多卵泡不成熟、雄激素过高和胰岛素抵抗是其重要特征，是生育期女性月经紊乱最常见的原因，也是导致女性不孕的重要原因。在临床上，多囊卵巢综合征的治疗主要是调整机体内分泌环境，包括改善胰岛素功能，纠正高雄激素血症和其他内分泌异常，甚至促排卵治疗从而恢复卵巢的排卵功能。在男方精液质量正常、女方输卵管通畅的情况下，一旦有成熟卵泡发育就有自然受孕的可能。只有顽固性多囊卵巢综合征，促排卵治疗无效情况下才需要试管婴儿治疗。

　　临床上另外一种所谓的"多囊"其实是B超检查中对卵巢内存在多个发育前小卵泡的描述。这种多囊的描述多见于年轻卵巢储备功能好的女性，并且多见于卵泡早期或者黄体期，这个时候

没有单个优势大卵泡。但是这种"多囊"并非多囊卵巢综合征，这些女性月经规则，有正常成熟卵泡发育，不存在因为不排卵导致的不孕问题。

二、不孕不育的检查

1. 女性不孕需要检查哪些项目

对不孕夫妇生育能力的评估包括：病史采集（月经史、婚育史、不孕检查治疗史、全身疾病及手术史）、体格检查（一般体检和生殖系统检查）和实验室检查等。

女性不孕主要检查以下项目：①内分泌激素测定，包括生殖内分泌激素及相关内分泌，如甲状腺、肾上腺等相应激素的测定。②微生物学检测，如性传播疾病病原微生物的检测。③生殖周期监测，采用系统的生殖周期监测，不但能够正确地预测排卵，还能动态观察卵泡发育及黄体功能情况，从而采取相应的临床对策。④性交后试验。⑤组织学检测，如子宫内膜的组织学检测。⑥影像学检测，如放射学检测生殖道通畅度（如子宫输卵管碘油造影）；阴道超声检测，如卵泡和子宫内膜的生长发育监测；排卵监测；导引下做输卵管通畅度检测；导引下做生理性囊肿、巧克力囊肿穿刺术等。⑦内镜的应用，包括宫腔镜、腹腔镜及两者联合应用等。

2. 男性不育需要检查哪些项目

男性不育主要检查以下项目：①精液常规，包括精液量、酸碱度、精子密度、活力、形态及相关的免疫学指标；②内分泌激素；③前列腺液；④影像学检查，包括超声及磁共振检查等，主要了解睾丸大小、血供、精道通畅度、精索静脉是否曲张等相关因素；⑤睾丸组织学检测，主要针对无精子症患者，通过睾丸穿刺或活检获取睾丸组织进行病理学诊断。

不论是男性还是女性，上述检查须根据患者主诉及具体情况选择，并不是全部都要做，主要从影响怀孕的几大因素，如排卵、精子、配子及受精卵运输的通道、子宫内膜来考虑，每对夫妇的情况不一样，要具体情况具体分析。

3. 精液检查有哪些指标

精液分析是指针对男性排出的精液进行一系列指标检测，也是评价男性不育最基本的、首要的检查项目。常规检测指标主要包括：精液量、精液外观、液化时间、pH值、精子浓度、精子活力、精子存活率及精子形态学分析等。这些指标反映了精液与精子质量的不同侧面，各指标的临床意义并不相同。

4. 是不是有精液检测结果异常就需要治疗

根据精液常规的报告很容易可以作出诸如少精子症、弱精子症这样的诊断。但是诊断只能视为对于这份精液报告的描述性总结，而并不是说数据异常就需要治疗。换个角度思考这个问题，是不是精液常规参数达不到正常下限值就一定不可能让女方怀孕呢？自然不是。是否需要治疗首先取决于实际情况。

一些严重的问题，如无精子症、隐匿精子症或者死精子症等建议边复查边治疗。当精液参数和正常值相差太多，达到几乎不可能使女性怀孕的程度，当然是需要治疗的。数据轻度到中度异常时，有以下3种情况的就诊者，不建议优先治疗：第一种是化验结果可能与事实不符的情况，包括精液采集方法错误、禁欲时间过短或过长、精液检测技术不过关等因素；第二种是报告异常，但还没有开始备孕者，怀孕是概率事件，并不一定说男方有点问题，女方就肯定怀不上；第三种是女方既往有过怀孕史，这种情况和第二种情况一样，并不一定要去积极治疗。

5. 我和老公检查结果都是正常的，为什么不能怀孕

男、女双方均未查出与不孕不育相关的疾病而无法怀孕的，临床上定义为不明原因不孕。原因不明性不孕症是指夫妇有正常性生活，女方有排卵，经妇科检查及全面检查未发现异常，男方精液及其他检查亦均正常，但1年以上未怀孕者。

据报道，原因不明性不孕的发生率约占不孕症的10%，可能原因有以下几种：①免疫因素，女方血清中或宫颈黏液中含有抗精子抗体，使精子凝集而影响精子的活力；②卵子不健全，虽有排卵而不能受孕；③内分泌功能不足；④黄素化未破裂卵泡，从基础体温曲线看似有排卵，但实际并未排卵而卵泡直接发生黄素化；⑤子宫后倾；⑥隐性流产；⑦其他，如思想负担过重、焦虑，隐匿性全身性疾病，男方有轻微性功能障碍，性交次数减少等。

6. 哪些症状提示卵巢功能不佳

卵巢功能不佳一般指卵巢储备不良，也就是说卵巢内可以发育成成熟卵泡的数目减少了。在母亲体内的时候女性就已经有上百万个原始卵细胞形成，出生后卵细胞数目在30万左右。到青春期卵泡持续发育成熟，每个月除了1个成熟的卵细胞，还有一批初级卵细胞不能发育导致闭锁退化，因此每个女性一生只有300~500个卵细胞能发育成熟。等卵巢内卵泡都消耗完毕，就到女性的绝经期了。因此，医生常说的卵巢功能不佳一般是指卵巢内储备的卵细胞已经不多，进行促排卵治疗时，同样剂量下，生长卵泡数目较正常卵巢储备的女性减少，但是很少出现其他月经

改变。如果卵巢功能接近衰竭，可能会出现月经周期紊乱，月经量过多或者过少。

7. 已生育过一个健康的孩子，备孕二孩超过 1 年没有怀孕，男方是否需要进行检查

既往有过生育史，而后规律性生活无避孕超过 1 年未孕者归属继发不孕范畴。若已经生育过健康小孩，则表明生育头胎时双方具备完整的生育力。但随着年龄增长、环境影响及自身情况变化，男方的性功能及精液情况及女方排卵功能、输卵管通畅度及宫腔情况均会有一定变化。因此，备孕二孩超过 1 年没有怀孕，应对双方目前的生育力重新予以评估。对男方须进行病史询问，包括性生活史、性交频率和时间，有无勃起和射精障碍，近期不育相关检查及治疗经过，既往手术及疾病史，吸烟、饮酒情况等；并进行全身及局部生殖器检查及精液常规检查，综合评估男方目前生育力。

三、不孕不育的治疗

1. 不孕不育如何治疗

首先要加强体育锻炼，增强体质，增进健康，保持良好、乐观的生活态度，戒烟戒酒，养成良好的生活习惯，适当掌握性知识。不孕不育症的病因涉及女方因素、男方因素、双方共同因素及不明原因，因此治疗必须在查明原因后再有针对性治疗。常见治疗方法包括药物治疗，影像介入，宫腔镜、腹腔镜手术，中医治疗和辅助生殖技术等。对于门诊治疗无效或者符合辅助生殖技术指征的患者，应当积极采取相应的辅助生殖技术。

2. 目前常见的辅助生殖技术有哪些

目前，常见的辅助生殖技术有：人工授精（AI）和体外受精 – 胚胎移植（IVF–ET）及其衍生技术两大类。

（1）人工授精技术：根据精子来源分为夫精人工授精（AIH）和供精人工授精（AID），根据精液放置位置可以分为后穹窿人工授精、宫颈管内人工授精和宫腔内人工授精。

（2）体外受精 – 胚胎移植及其衍生技术：包括常规体外受精与胚胎移植（IVF–ET）、卵细胞质内单精子注射（ICSI）、种植前胚胎遗传学诊断（PGD）、配子输卵管内移植（GIFT）、未成熟卵子体外培养（IVM）等。

3. 辅助生殖治疗的适应证有哪些

2003 年颁布的《人类辅助生殖技术规范》对辅助生殖技术的适应证有如下明确规定。

（1）夫精人工授精适应证：①男性因少精、弱精、液化异常、性功能障碍、生殖器畸形等不育；②宫颈因素不育；③生殖道畸形及心理因素导致性交不能等不育；④免疫性不育；⑤原因不明不育。

（2）供精人工授精适应证：①不可逆的无精子症、严重的少精症、弱精症和畸精症；②输精管复通失败；③射精障碍；④适应证①、②、③中，除不可逆的无精子症外，其他需行供精人工授精技术的患者，医务人员必须向其交代清楚：通过卵胞浆内单精子显微注射技术也可能使其拥有血亲关系的后代，如果患者本人仍坚持放弃通过卵胞质内单精子显微注射技术助孕的权益，则必须与其签署知情同意书后，方可采用供精人工授精技术助孕；⑤男方或家族有不宜生育的严重遗传性疾病；⑥母、儿血型不合，不能得到存活新生儿。

（3）体外受精–胚胎移植适应证：①女方各种因素导致的配子运输障碍，如输卵管堵塞、切除或通而极不畅；②排卵障碍；③子宫内膜异位症；④男方少、弱精子症；⑤不明原因的不育；⑥免疫性不孕。

（4）卵胞质内单精子显微注射适应证：①严重的少、弱、畸形精子症；②不可逆的梗阻性无精子症；③生精功能障碍（排除遗传缺陷疾病所致）；④免疫性不育；⑤体外受精失败；⑥精子顶体异常；⑦需行植入前胚胎遗传学检查的。

（5）植入前胚胎遗传学诊断适应证：目前主要用于单基因相关遗传病、染色体病、性连锁遗传病及可能生育异常患儿的高风险人群等。

（6）接受卵子赠送适应证：①丧失产生卵子的能力；②女方是严重的遗传性疾病携带者或患者；③具有明显的影响卵子数量和质量的因素。

4. 人工授精和试管婴儿有什么区别

辅助生殖技术的发展经历了由人工授精至体外授精、胚胎移植直到最近的克隆和人类胚胎干细胞研究的辉煌历程。人工授精是指在女性排卵期用人工方法将精液注入女性体内以代替性途径使其怀孕的一种方法，根据供精者不同可分为丈夫精液、供精及混合精液授精3种类型。人工授精本质上属于体内受精的自然受孕过程。试管婴儿，即体外受精和胚胎移植（IVF–ET），是一种特殊的技术，就是分别将卵子与精子从人体内取出，在体外受精，发育成胚胎后，再移植回母体子宫内，以达到受孕目的的一种技术。试管婴儿本质上属于体外受精的非自然受孕过程。

5. 常常听说的"一代试管""二代试管""三代试管"技术有什么区别

体外受精-胚胎移植（IVF-ET）又称"第一代试管婴儿"技术，是指分别将卵子与精子从人体内取出并在体外受精，发育成胚胎后，再移植回母体子宫内，以达到受孕目的的一种技术。

卵胞浆内单精子注射（ICSI）又称"第二代试管婴儿"技术，是在体外受精-胚胎移植基础上发展起来的显微受精技术，通过直接将精子注射入卵母细胞胞质内达到助孕目的。

胚胎植入前遗传学诊断（PGD）又称为"第三代试管婴儿"技术，是指从体外受精的8细胞期胚胎在移植前取1~2个细胞或者取卵细胞的第一极体在种植前进行基因分析，可用以鉴定胚胎性别，分析胚胎染色体，然后移植基因正常的胚胎，从而达到优生优育的目的。

"一代试管""二代试管"和"三代试管"技术并非一代更比一代强，而是由于技术方式和技术水平的不同，有各自不同的适应人群。简单而言，"一代试管"和"二代试管"技术的主要区别在于授精方式，即精子和卵子结合方式不同。"一代试管"技术精子和卵子为自然结合，精卵之间属于"自由恋爱"，主要解决的是因女性因素导致的不孕。"二代试管"技术精子和卵子为人工结合，精卵之间属于"包办婚姻"，主要解决的是因男性因素导致的不育问题。而"三代试管"技术所取得的突破是革命性的，它从生物遗传学的角度，帮助人类选择生育最健康的后代，使有遗传性疾病的夫妇不仅喜得贵子，而且能优生优育。

6. 经过辅助生殖技术生育第一个孩子，生育第二个孩子是否必须通过辅助生殖技术

第一胎通过辅助生殖技术助孕，一般来讲，第二胎还是需要

通过辅助生殖技术助孕。临床上仅有极少数夫妻，可能多年之后自然受孕。第一胎通过辅助生殖技术助孕，往往说明夫妻双方中一方或者双方，存在生育障碍，如因女方输卵管阻塞、盆腔子宫内膜异位症或排卵障碍等因素需行辅助生殖助孕。第二胎时，这些影响生育的因素仍然存在，所以还需要通过辅助生殖技术解决。又如因男方少、弱精子症而通过辅助生殖技术助孕，由于男方精子质量下降属于不可逆性，对于生二孩的夫妻，临床上仍需在治疗前重新评估男方的精液质量情况。

7. 做试管婴儿需要哪些前期准备

很多不孕不育患者并不了解做试管婴儿需要准备什么，由此而导致在试管婴儿手术过程中发生很多不必要的麻烦。因此，做好试管婴儿术前需要准备是非常的重要的。那么试管婴儿术前需要做哪些准备呢？

（1）证件：国家规定须持有三证，即结婚证、夫妻双方身份证、准生证。国外患者只需要提供护照和结婚证。

（2）检查：经过筛选，不孕夫妇有接受试管婴儿技术治疗指征，为保证精、卵的质量，夫妻双方要进行与治疗相关的体检和检查，以排除遗传性疾病、传染病、性传播疾病、急性泌尿生殖道感染等。此外，还需进行卵巢功能和子宫着床条件评估，完善术前准备。这些检查十分必要，如果有异常，一定要在治疗痊愈后，才能开始试管婴儿技术的治疗。

（3）费用：一般试管婴儿一个周期费用为2万~4万元，不同医院的价格也不尽相同，在选定医院后一定要问清楚整个周期的费用，以免在过程中出现无法支付费用而导致试管婴儿手术无法继续开展，浪费不必要的费用。

（4）身体：在决定做试管婴儿之前，一定要调整好身体状态，抽烟、酗酒、熬夜等习惯要在做试管婴儿手术前要改正。只有身体和心理都调整到合理状态，那么试管婴儿的成功率才会更高。

8. 如果做试管婴儿一次不成功，最多可以尝试几次

试管婴儿的成功率是准备接受试管婴儿技术治疗的人们所关注的问题。据统计，目前国内成熟的辅助生殖中心平均成功率在40%左右，这里的成功是指通过试管婴儿技术使患者怀孕。这当中，年轻女性的成功率稍高些，可以达到50%~60%。如果有冷冻胚胎的话，可以做第二次或第三次胚胎移植，累计成功率更高，大概能达到70%。

试管婴儿成功与否取决于很多条件，如实验室条件、医护人员的技术水平，但最重要的因素还是夫妻双方，尤其是女性的年龄和自身状态，如是否合并卵巢囊肿、子宫肌瘤、子宫肌腺症等。近年一些研究也证实了男性年龄增大、精子质量下降、精子的DNA碎片增加会影响胚胎质量，受孕率下降，出生子代的健康风险相应增加。

因此，无论男性、女性，人类的生育能力是有期限的。如果试管婴儿一次不成功，还需抓紧时间进行新的试管周期，至于最多可以尝试几次，并没有数量的限定，应根据个体的年龄、体质、经济状况、心理等综合因素来决定是否多次尝试新的试管周期。

9. 不同年龄段女性接受试管婴儿治疗的成功率有差别么

女性的年龄是试管婴儿技术成功与否的重要因素。随女性年龄增长，35岁后卵巢开始走下坡路，表现在卵子数量减少、质量下降、受精率下降、妊娠率也会明显降低、流产率增加、发生唐氏综合征等出生缺陷的概率增加。尤其是40岁以后卵巢功能呈直

线下降，国内外都认为女性42岁后就处于生育的末期，43岁后自然妊娠的概率趋向于0。

国内外文献报道年龄在25~34岁的女性接受试管婴儿治疗成功率最高，可达到45%以上，35岁以后成功率开始下降；但是大多数辅助生殖中心数据显示女方年龄在38岁以下的成功率仍能保持在30%~35%；到38岁以上开始明显下降，为20%~30%；40周岁成功率为10%~15%，且流产率高达30%以上，活产率明显下降，胎儿畸形的发生率也增加。

总之，女性年龄与试管婴儿的成功率成反比，年龄越大，卵巢功能越下降，胚胎的质量也下降。一般医院对于年龄42岁以上女性是否适合进行试管婴儿治疗一直是有争议的。所以，现代女性要孕育后代，最好在合适的育龄进行，既能提高受孕的成功率，又能提高孕育的质量。对于高龄的女性来说，既要面对现实，放松心态，又要抓紧最后的时机尽早尝试。

10. 我现在30多岁，想40岁左右生二孩，可以先冷冻卵子么

超过35岁，女性卵巢储备功能迅速下降，生育能力明显减弱。因此，许多女白领们希望能冷冻年轻状态的卵子，保证未来拥有健康的后代。

从目前冷冻卵子技术在世界各国的应用来看，多数国家法律规定行冷冻卵子要有明确的医学指征。能够为没有生育障碍，只是想要延长生育期限的单身女性或是夫妇提供冷冻卵子服务的国家只有美国、英国、日本、西班牙，且不建议超过40岁的女性冷冻卵子。

在我国，冷冻卵子技术属于人类辅助生殖技术范畴。法律明确规定，未婚女性禁止在国内进行冻卵手术。对于已婚女性来说，冷冻卵子也有严格的适应证，只有在下列两种情况下可以考虑冷

冻卵子：一是有不孕病史且具有试管婴儿指征的夫妇，在取卵当日由于各种原因，男方不能及时提供精子，或当时没有精子，同时拒绝做供精试管婴儿的，只能先将全部卵子或者部分卵子冷冻保存起来；二是希望保留生育能力的癌症患者，在手术和化疗之前可先进行卵子冷冻。此外，行试管婴儿治疗的女性，如果获卵超过20枚，经夫妻双方同意，可将部分卵子冷冻，进行卵子捐赠，为卵巢早衰、遗传疾病及高龄不孕等患者提供生育的希望。

11. 冷冻卵子技术能保证女性怀孕么

虽然卵子冷冻技术已经日趋成熟，但与胚胎冷冻技术相比，还是有差距的。目前冷冻胚胎复苏率已达95%以上，而冷冻卵子的复苏率只有70%~80%。在卵细胞冻存复苏的过程中，不可避免地会给细胞带来损伤，如冷冻过程中，若脱水不充分，在降温过程中就容易形成冰晶，损伤细胞膜和细胞器，导致存活率降低。另一方面，冷冻保护剂同时又具有细胞毒性，长时间高温（4~37℃）接触同样可能导致细胞死亡。有些损伤可能不会令细胞死亡，却可能导致其难以完成体外受精。另外，冻卵前使用的促排卵药物可能使多卵泡发育，导致卵巢过度刺激，引发腹水、胸水，严重者需住院治疗。取卵本身也有一定风险，可能出现感染、出血等。虽然发生率均较低，但一旦发生，则得不偿失。冷冻卵子在国内真正发展的时间不到10年，也没有大规模推广，还需要更多更深入的研究。

12. 第一个孩子是儿子，现在想生二孩，可以通过辅助生殖技术选择女儿么

很多备孕夫妇经常在门诊咨询医生，能否通过辅助生殖的方法进行胎儿的性别选择。民间的确流传许多选择生男生女的偏方、

秘方，如通过吃药或者通过改变阴道酸碱度增加生育男孩的概率，其实都不科学。从遗传的角度来说，生男生女完全取决于卵子与精子的结合，如果含有X染色体的精子与卵子结合，将会生育女孩，如果含有Y染色体的精子与卵子结合，将会生育男孩。

目前技术上，可以通过胚胎植入前遗传学诊断，也就是俗称的"第三代试管婴儿"技术筛查男性或者女性胚胎，但是需有严格的医学指征，目前仅限于用来筛选排除性染色体相关遗传疾病的胚胎。无医学指征的胚胎性别筛选是严重违反伦理原则的，在我国和世界上绝大多数国家都是法律禁止的。我国卫生部规定，严禁利用超声和染色体检查等技术手段进行非医学需要的胎儿性别鉴定和选择性别人工终止妊娠，更不用说是使用辅助生殖技术进行非医学需要的胚胎性别鉴定，这是违反《母婴保健法》《人口与计划生育法》的行为。

13. 我现在属于高龄，备孕二孩，需要通过"第三代试管婴儿"技术筛选质量高的胚胎么

俗称的"第三代试管婴儿"技术包括种植前遗传学筛查（PGS）和种植前遗传学诊断（PGD）。PGS适用于父母双方正常的胚胎非整倍体筛选，目前主要应用于：①高龄女性；②复发性流产患者；③反复种植失败患者；④严重男方因素患者。而PGD应用于父母双方或者任何一方有遗传学异常，如单基因病致病基因携带者或者染色体异常的患者。

随着女性年龄的增加，卵子质量下降，产生染色体异常的卵子比例增高，因此高龄可导致妊娠率下降，流产率增加。女方高龄可通过PGS筛选染色体正常的胚胎，从而减少因染色体异常导致的助孕失败或早期流产。然而，由于女性正常卵子数量的比例

随着年龄的增加而降低，经过筛查后，可能没有正常胚胎可以利用。目前已有的大样本研究数据表明，高龄女性应用PGS技术筛选非整倍体胚胎虽然降低了流产率，但并不提高活产率，因此欧洲人类生殖和胚胎学协会和美国生殖委员会指南都不推荐PGS在高龄女性中的常规应用。

14. 没有做过人流，是不是输卵管一定是通畅的

对于输卵管不通的原因，一般人们的习惯性思维就是，人流后感染导致的。就是因为有这种认识的误区，所以在不孕症门诊，我们经常会听到患者说："医生，我输卵管不用查的，应该没有问题，因为从没有做过人流。"但是，事实上还有一些非人流手术的情况也会导致输卵管炎症或者不通：①妇科炎症，这是导致输卵管炎症的一大原因，可以是人流手术、上环、取环术或宫腔镜等宫腔操作引起的，也可以是不洁性生活导致，如性传播性疾病或盆腔周围脏器炎症（如阑尾炎）引起；②子宫内膜异位症，生殖器结核等疾病也会引起输卵管阻塞和拾卵功能丧失；③输卵管先天发育问题，如输卵管先天细长迂曲、单角子宫等；④各种腹腔手术，如卵巢囊肿、子宫肌瘤、剖宫产术、宫外孕手术、输卵管结扎等；⑤生殖器或盆腔其他脏器肿瘤压迫。

15. 曾经生育过是否表示输卵管是通畅的，不需要检查

曾经生育过并不表示现在输卵管就是通畅的。有很多患者不明白，自己以前生育过为什么现在输卵管会堵塞呢？以前得过阴道炎、衣原体感染、淋病等可能引起上行感染，引起输卵管炎，很多患者并没有什么临床不适，所以都忽视了。同时盆腔炎症性疾病、结核病、子宫内膜异位症等都可能引起输卵管的炎症。外

科手术，包括剖宫产手术也可能引起盆腔的粘连，从而造成输卵管粘连。

在男方精液正常的前提下，试孕1年不孕的女性患者应该常规进行输卵管的检查。既往有输卵管治疗史的患者如果试孕半年不孕就可以考虑输卵管检查。目前临床上运用较为广泛的输卵管造影可以了解输卵管是否通畅、阻塞部位及宫腔形态。因为其检查损失小，准确率高达98%，是目前最常用的检查方法。其他输卵管的检查方法还有超声下输卵管造影、宫腔镜、腹腔镜等，医生可以根据患者的具体情况选择。

16. 有什么方法可以改善卵巢功能

目前没有有效的改善卵巢功能的方法。对一些明确导致卵巢功能异常的病因，如服用化疗药物、免疫抑制剂、接触化学或物理毒性物质，在许可条件下（如医生认为可以停止相关药物治疗），应该建议停止毒性物质接触。其他改善卵巢功能的方法包括规律作息、保证睡眠，肥胖者应进行运动减肥。对有生育要求者，建议抓紧时间备孕。如需进行试管婴儿等促排卵治疗应采用温和的药物刺激，可以用雌、孕激素及生长因子等进行预先处理。

17. 有复发性自然流产史的患者如何准备怀孕

复发性自然流产是指连续两次以上的自然流产。复发性自然流产在所有夫妇中的发生率为5%。导致流产的病因很多，主要与遗传、生殖道解剖结构异常、感染、内分泌、免疫等因素的异常有关。随着患者年龄的增大和曾有过的自然流产次数的增多，习惯性流产的发生率增高。

吸烟、电离辐射、酗酒、过量咖啡、麻醉剂、放射线等都是习惯性流产的危险因素；有习惯性流产的女性备孕时要戒烟、戒酒、戒咖啡、远离放射线。有生殖道解剖结构异常的女性应至妇科就诊，必要时需采取手术治疗纠正后再受孕。支原体、衣原体、巨细胞病毒、弓形虫等多种病原体的感染亦可导致自然流产，准备怀孕的女性一旦发现生殖道病原体的感染，就应该进行治疗。对于存在内分泌异常的患者，应先调节其内分泌和代谢状态。患有高泌乳素血症的患者，可给予溴隐亭治疗后受孕；建议肥胖患者应通过锻炼、合理饮食来减轻体重；有胰岛素抵抗的患者应在改善高胰岛素血症后再受孕。所有患者应进行空腹血糖及甲状腺功能的检查，血糖和甲状腺功能异常者，应内科治疗正常后再受孕。免疫指标异常的患者则需通过专业检查，明确具体病因并正规治疗后受孕。

18. 试管婴儿跟自然受孕的婴儿一样吗？身体、智力等方面是否有差别

试管婴儿与自然受孕分娩的婴儿到底有没有差异，有哪些差异，目前学术界有很多相关研究，并且还在继续。根据已有的跟踪随访数据，目前认为试管婴儿和普通婴儿在身高和智力发育上基本没有差别。试管婴儿出生缺陷的发生率与自然妊娠有些许差别，但是也只是千分之几的差异，而且需要进一步收集长期随访的数据。第一例试管婴儿到现在才30多岁（1979年出生），所以，试管婴儿到高龄后心血管疾病、恶性肿瘤等疾病的发生率与自然受孕人口有无差异还需要更长的时间来回答。

19. 通过试管婴儿技术怀孕的女性是否双胎、多胎妊娠的概率比较高？可以通过试管婴儿技术生"龙凤胎"么

目前的共识是在保证妊娠率的同时提高生育质量，减少并发

症的发生。因此，目前的方案多选择移植两个胚胎或者单胚胎移植。

在移植两个胚胎的患者中，双胎的发生概率要比自然妊娠高很多。如果其中一个胚胎还分裂为两个胚胎，那么就产生了三胎，甚至多胎的情况，称之为多胎妊娠。多胎妊娠的孕期并发症多，流产、早产率高，新生儿存活率降低而且并发症增多，不论对家庭还是对社会都会造成严重的负担。因此，通过试管婴儿技术受孕的患者一旦发现多胎妊娠必须行减胎手术。

另外，在试管移植受孕的患者中，龙凤胎的比例大大高于自然妊娠。但是没有医疗指征而通过医疗手段对胚胎进行性别的筛选是被严格禁止的，因此，试管助孕后孕育的龙凤胎也是随机的结果。希望生育龙凤胎的准爸爸、准妈妈们就请随缘吧。

孙赟　张婷　陈向锋
上海交通大学医学院附属仁济医院生殖医学中心

第四章　心理准备

二宝的出生是家庭的重大事件，将带来家庭成员人数和相互间关系的变化，家庭资源，如经济收入、父母精力、教育投入的重新分配，以及家庭成员身体、心理适应等多方面的改变。这些变化需要有相应的措施来解决，准备不足可能会产生家庭矛盾，甚至影响家庭幸福。因此，在二宝诞生之前，做好这方面的心理准备有利于提高二宝出生后家庭整体的适应性，保障家庭稳定与和谐。

本章将从父母、大宝和祖辈3个方面来谈谈为迎接二宝，家庭成员各自需要做好的心理准备。

一、父母的心理准备

1. 谁有权来决定是否生二宝

是否再生第二个宝宝是整个家庭的重大事件，一般会经过主要家庭成员的认真讨论。这些家庭成员包括爸爸、妈妈、爷爷、奶奶、外公、外婆，有些家庭会让年龄较大的大宝一起参加，也可能有其他关系特别密切的亲戚朋友参与。

在这些家庭成员中，可能对是否生二宝意见一致，所有人都赞成；也有可能家庭成员间意见不一致，有赞成有反对，这时，拥有最终决定权的是谁呢？

根据家庭关系理论，爸爸妈妈对二宝将来的养育承担最主要责任，因此爸爸妈妈才是握有决定权的人。祖辈可以对二宝的出生提出各种意见和建议，但不能代替爸爸妈妈做决定。

现实生活中，有些年轻的爸爸妈妈本身没有做好生二宝的准备，只是为了满足祖辈的愿望。孩子出生后也不承担养育责任，直接扔给祖辈，自己不管不问，这样的做法对孩子的健康成长不利，也为以后出现各种家庭矛盾埋下了隐患。

所以，生二宝应该是爸爸妈妈自己的意愿和决定。

2. 生二宝，夫妻双方做好沟通了吗

二宝的出生将会给整个家庭带来一系列的变化和压力。养育孩子的巨大开销、照顾新生婴儿的超负荷精力投入将会打破家庭原有的安宁和次序。同时家庭成员在家庭中承担责任的重新分工和成员间关系调整都会给夫妻关系带来压力和危机。

因此，在二宝出生之前，夫妻间应该做好充分的沟通。

首先，对于生二宝，夫妻双方必须取得完全一致的意见。因

为任何一方的不情愿都可能造成二宝出生后的家庭矛盾。

其次，对于二宝如何养育的问题，如家庭分工、经济分配、老人的介入、房间分割、大宝的安置、教养观念、性别认同等，都要有详细的讨论，同时准备好有效的应对措施。

第三，二宝出生后，夫妻有一方可能忙于加班增加家庭收入，或者忙于照顾新生儿，夫妻双方需要对可能出现的夫妻关系变化达成互相谅解和支持。

另外，为应对可能出现的意见不一致的情况，夫妻双方还需要议定规则，事先商量好出现争议时如何妥善处理，以保障在任何情况下家庭成员之间和谐相处。

3. 主要由谁来承担经济负担

由于二宝出生会给家庭带来较大的经济压力，所以在二宝出生前后，家庭成员在承担家庭经济责任的分工方面，也需要事先有个明确的划分和准备。

一般来说，妈妈由于要怀孕、生产、哺乳、照顾新生儿等，会因影响工作而减少收入，爸爸在这一阶段，就可能需要承担起家庭经济的主要责任。

爸爸需要做好在以后的阶段中辛勤工作、挑起家庭经济大梁的心理准备；同时也需要根据实际情况评估自己的能力，预估自己将来经过努力可能达到的收入水平，与妈妈一起为将来的家庭开支设置合理的标准。

当然，也有的家庭原来的经济基础比较好，有能力承担这一时期的家庭经济支出。也有的家庭有祖辈的经济支持，可以帮助化解二宝出生后的经济压力。

但即使有原先的积蓄，有祖辈的经济支持，打算生二宝的爸爸妈妈仍然需要就二宝出生后家庭的经济责任承担做好事先的筹划和准备。

 二宝妈妈可能遇到的心理风险有哪些

为孕育二宝，妈妈除了生理上的风险外，在心理上也会遇到一定的风险。这些心理风险包括如下几种。

（1）生育恐惧：虽然已经有了生育大宝的经验，但仍然有部分产妇由于自身经历、性格等因素，对生育有恐惧心理，并且可能随着生产日期的临近而不断加剧。

（2）期待焦虑：由于是二宝，部分产妇对孩子的性别有明确的期待；也有产妇对孩子的外貌、健康等方面有各种期待。心理期待的迫切可能造成产妇由于担心期待不能实现而产生情绪紧张与焦虑。

（3）人际困扰：迎接二宝出生的过程中经常有双方老人的参与和介入，双方老人间、老人与子女间由于观念的不一致造成的矛盾还可能影响夫妻感情，再加上大宝由于二宝即将出生所产生的情绪反应，可能使正在孕育二宝的妈妈穷于应付，身心疲惫，造成一系列情绪和心理问题。

（4）产后抑郁：指产妇在分娩后出现以抑郁、悲伤、沮丧、哭泣、易激怒、烦躁，甚至有自杀或杀婴倾向等一系列症状为特征的心理障碍，是产褥期精神综合征中最常见的一种类型。通常在产后两周出现，其病因不明，可能与遗传、心理、分娩及社会因素有关。

总之，生二宝可能给妈妈带来各种情绪问题和心理障碍，如果遇到持续两三周以上的心理困扰自己难以解决，尤其是这些心理困扰和障碍影响到日常生活的，建议及时寻求心理专业机构的帮助。

5. 带孩子与工作之间可能出现哪些冲突

对于决定生完二宝就回归工作岗位的妈妈来说，会遇到带孩子与职场工作间的一系列冲突问题，这些问题可能有如下几种。

（1）因家事无法安心工作：孩子突然生病，保姆或老人无法处理；平时帮忙照顾孩子的人突然有事不能带了；孩子突发意外，需要紧急处理等。

（2）工作与照顾孩子发生矛盾：突然有紧急任务加班，不能按时回家带孩子；领导要求去外地出差，在外不能照顾家庭；晚上带孩子太累，工作时精力不济出差错；面临职务升迁与照顾孩子的矛盾等。

对于职场中的两孩妈妈来说，工作与孩子同样重要，因此，处理好带孩子和工作间的冲突问题非常重要。而要妥善解决这些矛盾冲突，也需要事先安排好突发事件时的后备支援人选，以及应急方案的准备。

6. 如何适应从职场妈妈到全职妈妈的角色转换

生了二宝以后，有的妈妈出于照顾家庭及孩子的需要，暂时放弃工作做了全职妈妈。从职场角色到家庭角色的转换，全职妈妈需要做好以下这些方面的准备。

首先，面对繁杂家务的疲惫感。二宝出生后的家庭，面临着两个孩子的养育问题，生活上有各种需要，教育上也不敢松懈，大的哭小的闹，零散繁杂的家务活，从早忙到晚，累得直不起腰，却好像总也干不完。

其次，处理家庭问题的无力感。全职妈妈整天待在家庭里，面对家庭中的各种复杂矛盾，再也无处可躲避。无论是管教孩子、处理孩子吵架，还是与祖辈观念不合，抑或亲家间闹矛盾，都不是能轻易解决的。所谓"清官难断家务事",妈妈们可能会发现自己真的缺乏处理能力,从而内心沮丧失落。

第三,离开职场后的无价值感。全职妈妈得知原先不如自己的同事升职,看见其他朋友打扮得体在职场叱咤风云,再看看自己蓬头垢面,有时会后悔自己当初做全职妈妈的选择。

对此,全职妈妈需要有充分的心理准备,可以多跟丈夫沟通,获得丈夫的支持和帮助。还可以主动跟家人商量,定期给自己安排一个短时放假休息的时间,以释放自己的不良情绪。

7. 祖辈参与育儿可能产生什么问题

二宝的出生让年轻的父母感觉力不从心,一些家庭更需要祖辈的参与和帮助。有些家庭祖辈与父母一起带孩子,还有些家庭将孩子完全交给祖辈养育,无论上述哪一种养育方式都可能由于祖辈参与育儿产生某些矛盾和问题。

(1)祖辈方面:过分溺爱孩子;养育孩子的方式太落后;因自身不良生活习惯影响孩子;因脾气暴躁伤害孩子等。

(2)父母方面:与老人养育观念不同;感觉无法与老人沟通;感觉孩子与自己不亲;觉得老人惯坏了孩子;觉得老人干涉太多等。

父母是孩子的第一责任人,把养育孩子的责任完全交给祖辈对孩子成长不利,有条件的家庭,还是建议父母更多地承担养育儿女的责任。

8. 父母与祖辈间育儿观念的分歧应如何协调

首先,接纳不同,平静面对。父母与祖辈是两代人,现在共同养育宝宝,由于年龄、时代、经历、教育程度、性格等不同,产生育儿观念分歧是必然的,父母需要有充足心理准备,平静地接受这种不同。

其次，尊重老人，主动沟通。父母要在尊重老人的前提下，主动与老人沟通，坦诚说出自己的想法。

第三，目标一致，求同存异。在与老人取得"对孩子成长有利"的一致目标的基础上，在非原则问题上适当妥协。

第四，避实就虚，以退为进。父母与祖辈毕竟是两代人，有些矛盾也许无法协调，在这种情况下，父母需要巧妙地避开矛盾，把孩子领回家再按自己观念进行教育。

9. 如何应对亲家育儿观念的分歧

有了二宝，亲家间也会出现矛盾，如二宝由谁带、跟谁姓、跟哪家亲，甚至哪家贴钱多、哪家贡献大等。

要处理好亲家间的矛盾，需要做到如下几点。

（1）不比较。亲家双方的身体、年龄情况不同，教养观念不同，家庭经济收入不同，不能要求亲家对二宝都有同样的付出，所以，小辈切忌在亲家间作比较，以避免引起矛盾。

（2）不传话。即使听到亲家间有闲话，也是听过就算，不能在互相之间传话，更不能火上浇油，偏袒一方，以免激化矛盾。

（3）夫妻携手共进。由于亲家间矛盾涉及夫妻双方父母，所以，小夫妻间一定要多沟通，互相体谅，共同携手，如此才能更好地协调亲家间矛盾。

10. 压力大了，夫妻间矛盾如何解决

二宝的出生将带来家庭经济负担、时间精力、家庭成员关系、教养孩子观念等多方面的变化与压力。这些变化与压力很容易引起或激化夫妻间的矛盾。

一旦出现矛盾，需要从以下几方面来化解。

（1）不计较。二宝出生会增加很多累人的家务活，无论是爸爸还是妈妈，都不能计较多少，而要积极主动，共同承担。

（2）有分工。虽然养育孩子的家务活又烦又乱，有时很难分清楚状况。但毕竟还是有一定规律可循，爸爸妈妈在养育宝宝，承担责任方面应事先通过协商做个家务分工，会更有利于避免矛盾。

（3）多包容。虽然有分工但仍然会出现有时忙不过来，或者一方做得不能令另一方满意，甚至双方做事理念和方法不同的情况，这时就需要夫妻间多体谅、包容和支持。

（4）多沟通。夫妻间出现矛盾是正常的，关键是需要多沟通。夫妻间有疑惑、不满意，应坦诚相见，及时沟通，以化解矛盾。

（5）找外援。如果夫妻间出现不能通过自己协商解决的矛盾，应该及时寻找合适的外援提供帮助，以免延误时机，激化矛盾。

11. 两孩间年龄差距可能带来怎样的相处问题

大宝和二宝不同的年龄差距可能会带来不同的相处问题。

（1）年龄差距2岁以内：大宝可能较难建立自己是哥哥姐姐的身份意识，会出现与二宝同时争抢食物、玩具，要求父母对待弟弟妹妹与自己毫无区别，绝对公平，可能利用自己年长的能力优势欺负弟弟妹妹，而且还对自己欺负弱小的行为毫无愧疚感。

（2）年龄差距在3~6岁：大宝能够知道自己哥哥姐姐的身份，但还是经常会出于妒忌和自我保护意识欺负弟弟妹妹，与二宝争夺父母之爱。

（3）年龄差距在6~10岁：由于大宝在之前已经建立了独生子女的身份认同，可能会对二宝的出生坚决反对，并且采取行动。可能出现学习成绩下降、生活能力倒退、情绪失控，有的会故意

欺负、作弄，甚至伤害二宝。

（4）年龄差距10岁以上：大宝可能会嫌弃二宝，不愿意与二宝在一起。也有的大宝会与爸爸妈妈谈判，要求父母作出承诺，给自己在财产等方面的保障和补偿等。

二、大宝的心理准备

1. 谁来帮助大宝做好迎接二宝的心理准备

对于年龄超过3岁，习惯了独自享受关注的大宝来说，二宝的突然出现无疑是件对心理冲击巨大的危机事件。

大宝发现自己在家中的霸主地位可能不保，意识到即将有弟弟妹妹来跟自己争夺玩具、食物、房间，甚至是爸爸妈妈对自己的爱，内心会出现强烈的不安全感，可能哭闹反对、言语威胁，甚至故意行为出轨。其目的只有一个——保证爸爸妈妈对自己的爱不会被夺去。

由于大宝的情绪反应来源于担心失去父母的爱，因此，只有爸爸妈妈才能抚慰他那颗小小的敏感的心。所以，在二宝出生前，爸爸妈妈一定要花些时间亲自跟大宝沟通，帮助大宝作好迎接二宝的心理准备。

2. 父母如何对大宝说二宝的事

首先，一定要在二宝出生前提前说，让大宝有个心理上接受的过程。

其次，让大宝承担责任和荣誉。妈妈可以坦诚地告诉大宝，二宝出生后妈妈可能要花时间照顾他，妈妈需要大宝的帮助。

第三，告诉大宝爸爸妈妈的爱不会因为有了二宝而减少，反而会因大宝能帮助妈妈而更爱大宝。

第四，多了个弟弟或妹妹，大宝会有做哥哥或姐姐的机会，也会因爱护弟弟妹妹而获得二宝的爱。

第五，鼓励大宝参与全家人共同为迎接二宝所做的准备，让大宝享受这个过程。

3. 大宝如果反对，父母该如何处理

有些家庭的大宝对于生二宝会表现出激烈的反对态度，对于这种情况，父母不能我行我素，还是需要认真对待，及时化解。

对于年龄在8岁以上的大宝，父母最好在决定是否生二宝前就征求他的意见，让他一起参与家庭讨论，了解大宝的接受程度，并且在决定是否生二宝时，把大宝的态度也考虑进去。

对于大宝出现明显的反对态度和情绪，父母要用爱心去沟通和化解。

如果家中大宝在6~8岁以上，应该先倾听大宝的想法，接受他的失落情绪，了解他内心的真实需求；同时，可以告诉他父母的想法，如父母希望有两个宝贝的心愿，父母知道大宝反对时的心理感受，然后与大宝共同商量，探讨可以满足父母和大宝双方需求的方法。

如果大宝年龄在6岁以下，则可以通过更多的陪伴，如讲故事、看照片、做游戏、多参加小伙伴活动，共同为迎接二宝做准备等，帮助大宝改变想法，逐渐接受二宝的到来。

总之，父母需要接纳大宝的反对态度和情绪，千万不可一味批评指责、压制或者置之不理。

4. 父母需要给大宝做出承诺吗

由于二宝即将到来给大宝带来了不安全感，所以有些年龄稍

大的大宝会要求父母对自己做出些保证性的承诺，如大宝永远在家里排第一，大宝的房间二宝不许住，大宝的东西永远属于他，甚至家里的财产多分给大宝等。而有些父母为了安抚大宝，也会主动做出各种承诺。

虽然父母爱护大宝的初心是好的，但这样做其实不利于大宝接纳二宝，也不利于将来家庭的和谐，原因有以下几点。

（1）父母做出种种承诺，会让大宝觉得父母生二宝是做了对不起自己的事，二宝是个抢夺父母之爱的入侵者，而自己是受害者，所以需要补偿。

（2）父母做出的承诺是基于眼下的家庭情况，但答应给大宝的保障却是长久的，可能将来并不一定完全能够做到。一旦出现变化难以兑现，容易让大宝觉得父母欺骗了自己，受到更大的伤害。

因此，不建议父母用承诺的方式来让大宝接受二宝。

5. 父母如何关注大宝的心理变化

面临二宝的到来，大宝会有各种心理变化，有的明显，有的隐晦，作为父母需要及时关注。

首先，父母可以根据性格特征来观察大宝的反应。例如，外向的可能大吵大闹；内向的可能沉默麻木；乖巧的可能表面附和，内心哀伤；闷骚的可能暗里搞破坏。

其次，通过行为变化来观察大宝反应。例如，学习成绩明显下降；生活能力倒退；突然特别黏人、占有欲变强、胆小，害怕陌生人等。一旦发现大宝出现了明显的行为变化，说明孩子出现了心理问题，需要父母帮助化解。

父母关注大宝的心理变化，可以帮助他做好迎接二宝的心理准备，及时解决心理问题，避免悲剧事件的发生。

6. 怎样让大宝提前参与二宝的出生准备

大宝参与二宝的出生准备工作可以帮助大宝更好地完成迎接二宝的心理准备。具体的做法有如下几种。

（1）让大宝抚摸妈妈的肚子，观察二宝在妈妈肚子里逐渐长大的过程，鼓励大宝为二宝唱歌、讲故事，与妈妈一起为二宝做胎教。

（2）妈妈更多地亲密陪伴大宝，跟大宝分享妈妈初为人母的喜悦心情，一起翻看大宝小时候的照片，回顾大宝的成长过程。

（3）让大宝一起为二宝准备衣物和生活用品，给大宝一定的选择决定权，如颜色、花样等，让大宝感觉拥有哥哥姐姐的责任。

（4）营造迎接二宝的家庭气氛，让大宝感受到作为家庭一员参与整个家庭重大事件的喜悦。

7. 如何营造迎接二宝出生的家庭氛围

营造迎接二宝出生的家庭氛围可以让大宝提前感受到二宝的存在，有充足时间做好心理准备。父母在这个过程中，需要时刻考虑大宝的感受，做到如下几点。

（1）让大宝作为家庭成员参与其中。

（2）不将大宝、二宝做比较。

（3）屏蔽任何"二宝会对大宝不利"的话语。

（4）给予大宝"大孩子"的地位和权利。

8. 如何缓解大宝对于"妈妈生二宝与坐月子时，自己怎么办"的担心

有些大宝，尤其是平时一直由妈妈亲自带的，可能对妈妈将要到医院生二宝和坐月子感到非常焦虑和不安，这种担心背后的

根源其实是不知道自己将会被如何安置，担心到时自己的正常生活受到影响。

妈妈住院生产和坐月子确实是平时有规律的家庭生活发生变化的特殊时刻，作为还没有能力生活自理的孩子，大宝有此担心是正常的。父母应该提前对大宝在这一特殊时期的生活照顾做好合理安排。更重要的是，要把安排情况提前告诉大宝，并且征得大宝的同意。这样，大宝就可以安心了。

9. 需要提前告诉大宝妈妈生产和坐月子时可能出现的变化吗

由于妈妈生产和坐月子，大宝和妈妈的相处时间可能会减少。即使大宝在妈妈身边，月子中妈妈的注意力也更多在二宝身上。

这时大宝可能会觉得自己被冷落而出现情绪问题，进而出现哭闹不休及骚扰、纠缠妈妈的行为，而大宝的这些情绪反应和行为又会影响妈妈的心情，造成妈妈的情绪困扰，妈妈的批评会让大宝更加感觉自己失去了妈妈的爱。

为避免这些情况的发生，需要提前与大宝沟通，告诉他："妈妈的肚子会变大，会有一段时间不能抱你；妈妈会住院，离开你一些日子；妈妈坐月子时身体会比较虚弱，不能陪你玩；妈妈需要分出一点时间照顾二宝贝；妈妈有可能晚上会带着二宝一起睡觉……"

更要告诉大宝："每个人成长都有这样的过程，你小时候妈妈也是这样带你的。现在妈妈这样做是因为二宝太小了，而且妈妈相信，大宝会给妈妈很多的帮助和支持。"

事先被告知会出现什么情况，提前做好心理准备的大宝，可以更好地适应二宝出生后的家庭变化。

三、祖辈的心理准备

1. 祖辈对子女生二宝该怎么表态

近年来，随着社会发展，年轻父母的工作繁重，越来越忙碌，祖辈出钱出力帮子女带孩子的现象也越来越普遍。更多的祖辈参与年轻夫妻的小家庭生活，在是否生二宝的问题上有了更多的话语权。

由于时间、精力和经济上对祖辈的依赖，现实生活中，有些年轻父母甚至完全将是否生二宝的决定权交给了祖辈。祖辈愿意出钱出力就生二宝，祖辈不能帮忙就不生。而有些祖辈也开始越俎代庖地自作主张、动员，甚至逼迫子女生二宝，说什么"你们只管生，我们来带"。

殊不知，祖辈这样的好心帮忙其实对二宝的健康成长非常不利。祖辈即使再愿意带孩子，也无法代替父母。孩子天生就需要父母的爱，年幼时缺乏父母之爱的孩子长大后一生都会安全感不足。更何况，培养孩子成长是几十年的事情，祖辈由于年龄原因终有心有余而力不足的那一天。

因此，生二宝是孩子父母的事情，无论是否有能力，祖辈始终只是辅助的角色，祖辈该把这份决定权和责任交给父母来承担。

2. 祖辈能否帮忙带二宝应事先说清楚吗

由于现在社会上有不少年轻父母需要祖辈帮忙带孩子，因此，在决定生二宝时，子女经常会询问自己父母是否能够帮忙。

有些老人觉得有些为难，或者心里有自己的养老计划不想帮忙，或者对将来要承担的事情有不同想法，但碍于情面，不好意思说出自己真实想法，就在子女询问时支支吾吾，模棱两可，希望暂时敷衍一下，等二宝出生以后再说。

其实，不明确表态可能引起子女误解，这样的做法反而容易产生家庭矛盾，老人不如事先把自己想法直接跟子女说明白。

3. 如果祖辈不愿意带二宝，应如何与子女协调

现在的老年人自己的生活丰富多彩，操劳了大半辈子，退休后希望把更多时间用在休闲娱乐、老有所学、享受晚年生活上，这是无可厚非的。

不愿意再做老保姆，希望成年子女更多独立承担自己的人生责任，可以坦然跟子女说，千万不要委曲求全，牺牲自己的晚年幸福。

与子女沟通时，要明确自己的底线，态度坚决，毕竟养育孙辈是子女的责任，祖辈愿意帮多少可以自己决定，不能帮忙也不需要感到愧疚，相信子女早晚会理解的。

4. 全包大揽带二宝，祖辈能够做到吗

有些老人天性特别喜欢孙辈，非常享受子孙满堂、含饴弄孙的幸福。自己年轻时限于计划生育政策不能多生，听说现在政策开放了，自己的子女可以生二宝，就催促子女生，并且承诺将来全权负责带二宝。

老人喜欢多孙的心情可以理解，但对于自己的实际能力还需要做个客观评估。可以详细列出养育二宝需要花费的时间、精力、金钱及二宝养育过程中可能遇到的问题等，评估下自己的年龄和身体状况及经济状况、教育能力等。

也可以多听子女和老朋友的意见，让这样的评估更客观、更具有可操作性。

5. 年轻父母希望祖辈补贴养二宝的费用，祖辈该如何处理

现在的年轻父母生活压力比较大，有些会向祖辈提出希望能出钱贴补养育二宝的费用。

对于这样的请求，祖辈可以根据自己的意愿和实际经济情况来决定。有条件的也可以帮忙贴补些，但底线是不能影响老人自己的正常生活。如果实在经济困难也可以拒绝，因为养育孙辈是子女的责任，老人没有义务一定要承担。

6. 万一二宝与祖辈期待的性别不同，祖辈可以接受吗

由于已经有了大宝，祖辈对二宝的性别容易有期待。尤其是大宝是女孩的，祖辈们往往更迫切希望能生个孙子。为此，烧香拜佛者有之，到处找偏方者有之。

其实，这样的做法除了给子女增加压力，让自己产生焦虑外，对二宝的性别没有任何作用。

更何况，男孩、女孩各有好处，作为长辈，应该更相信科学，顺其自然。即使二宝不是自己期待的性别，也同样是自己的孙儿宝贝，不是吗？

7. 二宝跟哪家姓，祖辈可以决定吗

二宝的诞生给一些外公外婆带来了新的希望，他们希望二宝可以跟娘家姓，以弥补自己没有儿子的缺憾。

但是这样的做法可能遭到爷爷奶奶的反对，于是，两亲家闹矛盾，弄得子女左右为难。

关于二宝跟谁姓，这个问题的决定权应该在二宝的父母。如果亲家双方意见一致当然最好。如果意见不一致，建议祖辈要想开些，不要为难自己子女，这个问题应该交给孩子父母自己去协商决定。

8. 二宝在谁家养，祖辈可以自说自话吗

关于二宝放在爷爷奶奶家养还是放在外公外婆家养的问题，也是有些两孩家庭矛盾的焦点。

对于这个问题，祖辈应该多多换位思考，考虑亲家的感受，考虑如何安排对孩子的成长最有利，不能只顾满足自己的愿望。

更重要的是，老人需要摆正自己的位置。养育二宝的责任是孩子父母的，老年人应该有自己独立的生活和快乐，可以去旅游、娱乐；多与老朋友聚会；参加力所能及的公益活动；去老年大学学习自己感兴趣的知识，晚年生活丰富多彩，千万不要把所有的关注和快乐都寄托在子女和孙辈身上。

9. 该以怎样的心态面对与亲家的意见不一致

由于人生经历、性格、价值观等的差异，在孩子的养育方面，亲家间可能存在不同的看法和做法。对于这种情况，应该要承认存在差异，不生气、不争辩，接纳、包容不同，不将自己意见强加于人，求同存异，与亲家和平共处。

10. 对女婿或媳妇做法不满意，老人应该怎样沟通

俗话说，舌头与牙齿也有打架的时候。老人跟自己子女都可能会由于想法、做法不一致产生争论，老人与女婿、媳妇之间，看不惯、不一致的地方可能就更多了。现在共同养育二宝，老人该如何与女婿、媳妇沟通呢？

首先，不能倚老卖老，要平等沟通，倾听年轻人的想法。

其次，不能以为自己总是正确的，要承认年轻人的能力，信任他们。

第三，要坦诚相待，有问题及时沟通。

第四，要多多学习，与时俱进，以理服人。

第五，实在做不到意见统一就放手，将二宝交给他们的父母。

吴亦君

上海市健康教育所

第五章　孕期保健

　　随着相关政策的出台，很多夫妻开始"备战"生育二孩。随着年龄的增加，即使好不容易怀孕成功，妊娠并发症（如妊娠高血压疾病、妊娠期糖尿病等）发生的概率会增加吗？其实孕期保健有规律、依从性好会明显增加妊娠及分娩的安全性。这一章就让我们一起来关心孕期保健方面的问题吧。

一、合理营养运动

1. 怀二孩的孕妇如何缓解早孕反应

有的孕妇上次怀孕并没有妊娠反应,但这次却有了。在孕早期,一半以上的孕妇会有食欲缺乏、恶心呕吐的现象,这就是妊娠反应,这与孕早期大脑皮质内的神经功能紊乱和体内一种叫人绒毛膜促性腺激素(HCG)水平的上升有关。轻度的恶心、食欲缺乏或者早上起床后空腹发生呕吐影响不大。

在孕早期,孕妇对除叶酸以外的其他营养素的需求和没有怀孕时是相同的,在孕早期应适当增加些碳水化合物的摄入,蛋白质要选择容易被消化、吸收和利用的优质蛋白,如鱼、虾、蛋、奶、畜肉、禽肉都是不错的选择。另外,食物要做到多样化,烹调方法要清淡爽口,那些对酸辣味有特殊嗜好的孕妇,可以用柠檬、酸姜、醋来引起食欲。

2. 孕期需要口服保健品吗? 什么时候开始口服

大部分备孕二孩的妈妈在孕前已经开始注意养成良好的生活习惯及合理健康的饮食、身体锻炼及补充维生素,而那些意外受孕的孕妇更需要及时调整生活习惯,尽早口服叶酸,补充维生素,从而降低出生缺陷。

孕早期叶酸缺乏可导致胎儿畸形,包括无脑儿、脊柱裂等,还可能引起早期的自然流产。到了孕中、晚期叶酸不足,可引起胎盘早剥、妊娠高血压综合征、巨幼红细胞性贫血;胎儿易发生宫内发育迟缓,早产和出生低体重,而且这样的胎儿出生后的生长发育和智力发育都会受到影响。备孕妈妈应在孕前就开始每天服用400微克(μg)的叶酸。

另外，孕期正确地摄取维生素是很重要的，复合维生素（含丰富的维生素A、维生素B_6、维生素B_{12}、维生素C、叶酸）和综合矿物质（钙、镁、锌、铜）对预防宝宝的脑部、神经缺陷也非常重要。市场上有很多牌子、种类的维生素，选购时请注意维生素的配方中应包含以下成分：①维生素A含量要小于4 000国际单位（800 μg），大于10 000国际单位的维生素A会引起中毒。目前很多厂家已经尽量减少维生素A的剂量或以相对安全的β-胡萝卜素取而代之。②至少400~600 μg叶酸。③250毫克（mg）钙，对于基础钙摄入量不足的孕妇可以补钙达1 200毫克/天，但需注意补充口服钙，剂量大于250 mg时不能和铁剂同时口服，因为钙会影响铁的吸收，故口服铁剂后需至少间隔2小时以上才能口服钙。④30 mg铁。⑤50~80 mg维生素C。⑥15 mg锌。⑦2 mg铜。⑧2 mg维生素B_6。⑨维生素D小于500 μg。

每日膳食参考摄入量（DRI）建议维生素E（15 mg），维生素B_1（1.4 mg），维生素B_2（1.4 mg），烟酸（18 mg）及维生素B_{12}（2.6 mg）。

还有些复合维生素中包含镁、氟化物、维生素H、磷泛酸、额外的维生素B_6（应对孕期的恶心症状）或促进胎儿脑发育的DHA。

不论选择哪种复合维生素，有任何疑问都要及时咨询产科医生。

3. 如何保证孕期营养

从孕中期开始胎儿进入快速生长发育期，母体的乳腺、子宫等生殖器官也逐渐发育，并且母体还需要为产后泌乳开始储备能量及营养素。因此，孕中、晚期均需要相应增加食物量，以满足孕妇相应增加的营养素需要。孕中、晚期膳食应注意以下几条。

（1）适当增加鱼、禽、瘦肉、海产品的摄入。鱼、禽、肉、蛋是优质蛋白质的良好来源，建议从孕中、晚期每日增加总计50~100克（g）的鱼、禽、蛋、瘦肉的摄入量。鱼类作为动物性食物的首选，每周最好能摄入2~3次，每天还应摄入1个鸡蛋。除食用加碘盐外，每周至少进食1次海产品，以满足孕期碘的需要。

（2）适当增加奶类的摄入。奶或奶制品富含蛋白质，对孕期蛋白质的补充具有重要意义，同时也是钙的重要来源。从孕中期开始，每日至少摄入250毫升（ml）的牛奶或相当量的奶制品及补充300 mg的钙，或喝400~500 ml的低脂牛奶，以满足钙的需要。

（3）常吃含铁丰富的食物。伴随着孕中期开始的血容量和红蛋白的增加，孕妇成为缺铁性贫血的高危人群。此外，基于胎儿铁储备的需要，宜从孕中期开始增加铁的摄入量，建议常吃含铁丰富的食物，如动物血、肝脏、瘦肉等，必要时可补充小剂量的铁剂。同时，注意多摄入富含维生素C的蔬菜水果，或在补充铁剂的同时补充维生素C以促进铁的吸收和利用。

（4）适量的身体活动，维持体重适度增长。由于孕期对多种微量营养素的需要的增加大于对能量需要的增加，通过增加食物摄入量以满足微量营养素的需要有可能引起体重过度增长，并因此增加发生妊娠并发症和生巨大儿的风险。因此，孕期应适时监控自身的体重，并根据体重增长的速度适当调节食物摄入量。每天进行不少于30分钟的低强度身体活动，最好是1~2小时的户外活动，如散步、做体操等，因为适宜的身体活动有利于维持体重的适度增长和自然分娩，户外活动还有助于改善维生素D的吸收状况，以促进胎儿骨骼的发育和母体自身的骨骼健康。

4. 孕期可以喝咖啡吗

咖啡是流行饮品，咖啡的主要成分是咖啡因、可乐碱等生物碱，而这些物质有兴奋中枢神经的作用。孕妇大量饮用咖啡后，其所含的咖啡因成分会对孕妇产生刺激作用，可造成心跳加快、血压升高、头晕、恶心等。另外，摄取太多咖啡因可能会影响胎儿大脑、心脏和肝脏等重要器官的发育。由于可能出现的不良反应，因此不建议孕妇过多喝咖啡，但并非孕期不能喝咖啡，一些研究则提示，小剂量饮用咖啡是安全的，关键要看个人喝咖啡后的反应。

5. 孕期可以吃生鱼片吗

生鱼片鲜美可口，质地柔软，易咀嚼好消化，而且蛋白质、维生素、矿物质含量丰富，是很多女性喜欢的食材。虽然孕妇可以吃一些安全卫生的生鱼片，但是不能确认这些鱼片是否受到过污染。所以在孕期，不建议食用任何生食，如生肉、生鱼片、没完全煮熟的鸡蛋等，避免受到弓形虫和沙门菌的感染。

除此之外，还要注意的是日常烹饪细节，如在处理生肉时，要注意别让生的肉汁溅到已经做熟的菜肴上；生肉处理后要彻底清洗双手和厨具；生肉要包装好再放入冰箱冷藏，不要碰到其他食物，要确保里外都熟透了再吃。

6. 孕期运动要注意些什么

（1）每次锻炼时注意穿轻便、宽松的衣服，在安静及通风良好的房间里练习。

（2）要在结实的地面上锻炼。

（3）掌握适度和适量的原则，运动量应逐渐增加，以使孕妇不感到疲劳为宜。运动中，如孕妇感到疲劳、心跳加速、胸闷等不适时，应立即停止。

（4）运动前解好小便，在运动前后和运动时适当补充水分。

在运动时保持均匀的呼吸，不能屏气。避免猛力转身和用力过猛。

（5）运动期间随时检测心率，超过130次/分时，应及时注意休息。

（6）凡患有妊娠合并心脏病、高血压、肝病或甲状腺疾病；有习惯性流产史；有早产症状或胎儿情况不稳定；B超检查提示有明显异常者，如前置胎盘、羊水过多等；子宫颈功能不全的孕妇不宜运动。

7. 孕期可以洗桑拿或盆浴吗

一般而言，女性的阴道有一定的酸度，可以防止病菌的繁殖。怀孕后，尤其是最后3个月，由于体内激素的变化，阴道内的酸度达不到抵御病菌的水平，阴道的抵抗力下降。坐浴的话，脏水有可能进入阴道，引起感染，严重时可诱发早产。所以孕妇应该洗淋浴，还要注意水温不要过高。每次洗澡的时间不要超过15分钟，因为浴室内通风不良，湿度大，含氧量低，洗澡时间长容易造成缺氧，甚至晕倒在浴室。

水温过高会使母体的体温暂时升高，羊水温度也会随之升高，有可能损伤宝宝脑细胞的发育。所以不建议孕妇洗桑拿。

8. 孕期可以接受按摩吗

孕妇并非一定不能接受按摩，适当的按摩可以缓解孕妇的腰背酸疼感。但是孕妇按摩的禁忌有很多，如不能按摩腹部、腰骶部。按摩合谷穴、三阴交穴、肩井穴、缺盆穴和昆仑穴容易导致流产，所以按摩时要避开这些穴位，建议请有中医专业知识的人员进行按摩更为安全。

二、孕期监护

1. 有过剖宫产史的孕妇在妊娠早期为什么要做 B 超检查

一般孕早期（6~8 周）应行 B 超检查，一方面确定是宫内还是宫外孕，另一方面是为了核实孕产期。而剖宫产后再孕更应行常规超声检查，确定胚胎附着部位，因为剖宫产术后有一种罕见而危险的远期并发症，称为"瘢痕子宫切口妊娠"。它是由于剖宫产后子宫切口愈合不良、瘢痕宽大或瘢痕上有微小裂孔，胚胎着床于子宫切口瘢痕的微小缝隙上造成的。切口妊娠有两种妊娠结局。

（1）孕卵向子宫峡部或宫腔内发展。结局是继续妊娠，有可能生长至活产，但前置胎盘、胎盘植入的机会增加，易导致大出血，危及产妇生命，甚至要切除子宫。

（2）妊娠囊从瘢痕处向肌层内深入种植。滋养细胞侵入子宫肌层，不断生长，绒毛与子宫肌层粘连、植入，甚至穿透子宫壁，因此在妊娠早期即可引起子宫穿孔、破裂、出血，如未及时处理，可危及患者生命。B 超检查可助早期诊断，如果发现孕囊种植在切口，首先要问夫妇俩的期望，想不想生这个孩子。如果决定生，在告知风险和注意事项的前提下可以继续妊娠，但要注意密切 B 超随访。如果不想要这个孩子，这种切口妊娠的刮宫不同于普通人流术，术前要充分谈话告知风险，备血、做好子宫动脉栓塞及子宫切除的准备。

2. 什么是唐氏综合征筛查？高龄孕妇还能做唐氏综合征筛查吗

唐氏综合征筛查主要通过抽取孕妇血清，检测母体血清中某些蛋白质或激素的浓度，并结合 B 超及孕妇的预产期、年龄、体重和采血时的孕周等，来综合计算胎儿发生唐代综合征、18–三体综合征及神经管缺陷的危险系数。

目前唐氏综合征筛查有两种方案：①孕中期筛查方案，需要在孕15~20周采集外周血。②早、中孕联合筛查方案，需要在孕10~13周和孕15~20周分别采集外周血。医生会考虑夫妇意愿及孕龄，选择适合的筛查方案。

国际数据统计，胎儿发生唐氏综合征（或其他三体型综合征）的概率随母亲年龄的增加而增加。尤其是分娩时大于等于35岁的孕妇，数据显示其生育唐氏综合征患儿的概率大大增加，故建议直接行介入性产前诊断。另外，唐氏综合征筛查的计算方法中孕妇年龄是一个十分重要的数值，35岁以上孕妇，因年龄这一数值偏大，多数孕妇唐氏综合征筛查结果为阳性，最终还是要行介入性产前诊断。

3. 何为介入性产前诊断

介入性产前诊断是在胎儿出生前医生采用经腹穿刺手段获得胎儿细胞或胎盘细胞，以排除胎儿染色体异常的一种方法。介入性产前诊断可分为3类：绒毛穿刺术、羊水穿刺术及脐静脉穿刺术。大家熟悉的羊水染色体检查是对羊水中的胎儿脱落细胞、绒毛细胞或胎儿血细胞进行培养，用于诊断胎儿染色体疾病和性连锁遗传病等。

4. 哪些孕妇需要进行介入性产前诊断

（1）分娩时年满或者超过35岁的高龄孕妇。

（2）早期和中期唐氏综合征筛查的高危人群。

（3）产前超声检查怀疑胎儿发育异常或胎儿畸形的孕妇。

（4）曾生育过染色体病或先天性严重缺陷患儿的孕妇。

（5）夫妻一方为染色体病携带者。

（6）孕妇可能为某种X连锁遗传病基因携带者。

（7）其他，如曾有不良遗传史或特殊致畸因子接触史的孕妇。

5. 什么是无创DNA检查

无创性DNA检查利用DNA测序技术对母体外周血浆中的游离DNA片段（包含胎儿游离DNA）进行测序，并将测序结果进行生物信息分析，可以从中得到胎儿的遗传信息，从而检测胎儿是否患三大染色体疾病，即唐氏综合征、18-三体综合征、13-三体综合征。无创DNA产前检测无创伤、流产、感染风险，准确率达99%，但它并不是确诊试验。如结果低危，表示胎儿发生13-三体综合征、18-三体综合征及唐氏综合征的概率很低；如结果高危，则提示胎儿有很高的可能性罹患13-三体综合征、18-三体综合征或唐氏综合征。所以结果高危的孕妇，建议进一步行介入性产前诊断以排除胎儿染色体异常。

6. 曾患有妊娠期高血压、蛋白尿，此次孕期该如何防治

如果既往妊娠有高血压疾病（包括妊娠期高血压、子痫前期、子痫、慢性高血压合并子痫前期及妊娠合并慢性高血压），再次妊娠发生妊娠期高血压、蛋白尿的可能性大大增加。对于慢性高血压者孕前血压的控制非常重要，血压控制的目标，收缩压应控制在不高于130~140/80~90毫米汞柱（mmHg），孕后要选择对胎儿影响小的降压药（如拉贝洛尔、硝苯地平）。

对于有妊娠期高血压疾病史的高危人群，有效的预防措施包括：①适当锻炼，孕期应适度锻炼合理，安排休息，以保证孕期

身体健康。②合理饮食，孕期不推荐严格限制盐的摄入，也不推荐肥胖孕妇限制热量摄入。③补钙，对于基础钙摄入量不足的孕妇可以通过补钙来预防子痫前期。④阿司匹林，孕12周后，一定剂量的阿司匹林可使有高危子痫前期发生风险孕妇的子痫前期、早产和宫内发育迟缓风险降低。

进入正规产检流程后要关注血压、蛋白尿、水肿及主诉、胎儿的发育情况，及时镇静、降压（有效调整降压药）、解痉治疗及多科会诊，如有特殊情况应适时终止妊娠，保障母儿安全。

7. 曾患有妊娠期糖尿病，这次会有糖尿病吗? 应如何防治

怀第一胎时有妊娠期糖尿病（GDM），再次妊娠时GDM发生率会增高，但未必一定会再发病。GDM孕妇及其子代均是糖尿病患病的高危人群。GDM孕妇产后患2型糖尿病（T2DM）的相对危险性增加，通过改变生活方式、饮食习惯和药物治疗可以使GDM孕妇发生糖尿病的比例减少50%以上，应对所有GDM孕妇在产后6~12周进行随访，通过糖耐量检查（OGTT）明确有无糖耐量异常及其种类，分别给予饮食运动疗法及药物治疗控制血糖，再次妊娠后在保证母儿营养的基础上，需严密监测血糖、尿糖及尿酮体。

8. 第一胎是剖宫产，怀第二胎孕期需要注意什么

如果第二次受孕距离前次剖宫产时间少于半年，称为近期剖宫产史。一般来说，术后子宫肌纤维完全愈合需要1年半的时间，有近期剖宫产史的再次妊娠时子宫破裂的概率大大增加，故应以终止妊娠为宜。如果此次受孕距离前次剖宫产时间介于6个月至1年之间，最好咨询产科医生，需考虑前次剖宫产术中情况（是否

顺利、有否切口撕裂）、术后有无感染和发热史，排除此次切口妊娠可能，考虑是否可以继续妊娠，但孕期需要定期产检、B超随访，如有腹痛随时就诊。

9. 有子宫肌瘤的孕妇孕期需要注意些什么

子宫肌瘤合并妊娠占肌瘤患者的0.5%~1%，占妊娠的0.3%~0.5%，肌瘤小又无症状者常被忽略。肌瘤对妊娠及分娩的影响与肌瘤类型及大小有关。黏膜下肌瘤可影响受精卵着床，导致早期流产；肌壁间肌瘤过大可使宫腔变形或内膜供血不足而引起流产；生长位置较低的肌瘤可妨碍胎先露部下降，使妊娠后期及分娩时胎位异常、胎盘位置异常（前置或低置）及产道梗阻等发生率增加。胎儿娩出后易因胎盘粘连、附着面大或排出困难及子宫收缩不良导致产后出血。而且孕期因胎盘分泌大量雌、孕激素，肌瘤快速增长易发生红色变性，可引起腹痛，易致流产及早产。

10. 孕期阴道炎应如何处理

孕期常见的阴道炎有真菌性阴道炎、滴虫性阴道炎、细菌性阴道病。

真菌性阴道炎也叫白色念珠球菌阴道炎，可致外阴瘙痒，有豆腐渣样厚重的白带。孕期常见的治疗方法是用阴道栓剂或外用软膏，如克霉唑阴道片等。还可使用外阴清洗的洗剂。药物会有效地清除真菌，但孕期易重复感染。如果反复发生真菌性阴道炎，要注意有没有可能同时有妊娠期糖尿病。

滴虫性阴道炎的致病菌是毛滴虫。得了这种阴道炎时白带变得稀薄，常为黄色，带有一丝鱼腥味，而外阴瘙痒不是很明显。治疗的方法通常为阴道栓剂或是口服药，如甲硝唑阴道片等。因为滴虫也可存活在男性尿道里，所以夫妻两人要同时治疗。只有一人治疗，常常会发生交叉感染。

细菌性阴道病的症状也是白带增多，外阴瘙痒不明显。诊断主要依靠实验室检查。治疗方法与滴虫性阴道炎相似，也是阴道栓剂或口服药。

对孕妇来说，最主要的预防措施是保持外阴清洁干燥、性生活健康，发现白带性状有变化时，应尽早就医。如果确诊为阴道炎，一定要夫妇同治及正规治疗，防止复发。

11. 妊娠合并甲状腺功能减低、亚甲状腺功能减低怎么办

甲状腺功能减低症是孕妇常见病，患病率可达6%左右。孕12周前，胎儿自身甲状腺功能未建立，甲状腺激素完全来源于母体甲状腺；孕12~20周，胎儿甲状腺功能逐渐形成；孕21~40周，以胎儿甲状腺产生的甲状腺激素为主，母体甲状腺激素作为补充（仅占10%）。胎儿甲状腺激素缺乏有3种形式：①先天性甲状腺功能减低。胎儿甲状腺发育缺陷，孕妇甲状腺功能正常，影响胎儿后20周的神经发育。②严重的碘缺乏病（克汀病，又称呆小症）。胎儿和孕妇甲状腺功能均降低，既影响胎儿前20周，又影响后20周的神经发育。③孕妇的临床或亚临床甲状腺功能减低。胎儿甲状腺功能正常，孕妇甲状腺功能减低，此类影响胎儿前20周的神经发育。大量研究证明妊娠合并甲状腺功能减低、亚甲状腺功能减低，其子代智力发育减退，学习记忆能力下降。所以对于甲状腺功能减低、亚甲状腺功能减低的孕妇在孕8周前，最晚孕12周前应启动左甲状腺素（LT4）治疗，能纠正母体甲状腺功能减低、亚甲状腺功能减低对子代智力发育减退的不良影响。

12. 妊娠合并甲状腺功能亢进、亚甲状腺功能亢进怎么办

妊娠合并甲状腺功能亢进的危害：①对于母体，使妊娠期高血压疾病、心力衰竭、甲状腺危象、流产、胎盘早剥的发生率增加。②对于胎儿，使宫内生长迟缓、早产儿、死胎、先天畸形，新生儿死亡发生率增加，足月小样儿的发生率是正常妊娠的9倍。

妊娠合并甲状腺功能亢进首选抗甲状腺药物治疗：丙硫氧嘧啶胎盘通过率低，一般用于孕早期；甲巯咪唑胎盘通过率高，一般用于孕中后期。应随访甲状腺功能，调整用药剂量。

13. 乙肝小三阳的孕妇，孕期需要特别的治疗吗

乙肝小三阳指的是血乙肝表面抗原（HBsAg）阳性，而乙肝E抗原（HBeAg）阴性者，说明乙肝病毒（HBV）感染有传染性。HBV母婴传播，即HBsAg阳性孕产妇将HBV传给子代，主要发生在分娩过程中和分娩后，而垂直传播（分娩前的宫内感染）感染率小于3%，多见于HBeAg阳性孕妇。乙肝小三阳的孕妇孕晚期无需乙肝免疫球蛋白（HBIG）及抗病毒治疗，只要定期随访肝功能即可。

当母亲HBsAg阴性，但父亲HBsAg阳性时，虽然精液并不能引起胎儿感染HBV，但当新生儿出生后，父亲通常因照料新生儿而与其密切接触，可能增加其感染的风险，应注意一定的防护。

14. 乙肝大三阳的孕妇，孕期应注意些什么

乙肝大三阳指的是HBeAg阳性者，说明处于传染性强的感染期。孕晚期亦无需乙肝免疫球蛋白（HBIG）治疗，但需要随访肝功能，进行HBV DNA的监测，必要时转相关专业医师会诊及住院治疗，适时终止妊娠。HBeAg阳性孕妇的新生儿经正规预防后，

仍有5%~15%发生慢性HBV感染。虽然有报道称抗病毒治疗可减少母婴传播，但目前尚不能将孕妇HBeAg阳性进行常规抗病毒治疗手段作为减少母婴传播的适应证。

15. 孕妇为何易便秘

　　孕妇出现便秘的原因常与结肠运动减弱或骨盆底肌肉群张力减弱有关。从怀孕第4个月起，食物在孕妇胃肠道停留的时间明显延长。怀孕后孕妇血中黄体酮水平升高近80倍，胃动素的含量却下降，致使胃肠道蠕动慢，食物通过胃的时间延长而容易发生便秘。此外，由于胀大的子宫对排便肌肉的压迫和盆底肌肉群因妊娠或胎头、子宫压迫直肠而弱化也容易导致孕妇便秘。

16. 孕期便秘怎么办

　　（1）养成定时大便的良好习惯。利用胃－结肠反射，即在早餐（或午、晚餐）后排便，可收到事半功倍之效；孕妇如用泻剂治疗便秘要特别小心，因为持续使用泻剂或选择泻剂种类不当，均可导致流产。便秘严重者则可在医生指导下采取药物治疗。

　　（2）用良好的饮食习惯缓解便秘。

　　1）每天保证8~10杯的饮水量，以使肠道保持湿润的环境，有利于粪便滑出。

　　2）每天的食物中要包含粗纤维的食物，如蔬菜、水果、粗粮，可以刺激肠壁，加快肠蠕动，使粪便容易排出。

　　3）每天下午喝1杯酸奶。酸奶里含大量调节胃肠功能的益生菌，可以维持肠道正常的菌群，保证大便的通畅。

　　4）不吃辛辣的食物，避免痔疮加重。

　　5）尽量少吃含咖啡因的食物，如咖啡、浓茶、可乐、巧克力。咖啡因会引起水分流失，使大便变硬，不利于排出。

17. 妊娠合并贫血怎么办？会对胎儿有影响吗？如何选择铁剂

妊娠合并贫血对母体、胎儿和新生儿均会造成近期和远期影响。对母体可增加妊娠期高血压疾病、胎膜早破、产褥期感染和产后抑郁的发病风险；可增加胎儿生长受限、胎儿缺氧、羊水减少、死胎、死产、早产儿、新生儿窒息、新生儿缺血缺氧性脑病的发病风险。

世界卫生组织推荐妊娠期血红蛋白（Hb）小于110克/升（g/L）可诊断为妊娠合并贫血。贫血可以分为轻度贫血（100~109 g/L）、中度贫血（70~99 g/L）、重度贫血（40~69 g/L）、极重度贫血（小于40 g/L）。铁缺乏和轻、中度贫血者以口服铁剂为主，还可进食富含铁的食物（红色肉类和禽类、水果、土豆、绿叶蔬菜、菜花、胡萝卜和白菜）；重度贫血者可口服或注射铁剂，有些临近分娩或影响到胎儿者，还可以少量多次输浓缩红细胞；极重度贫血者首选输浓缩红细胞。

18. 需要关注孕期口腔保健吗

首先，孕期激素水平的升高会增加牙龈的负担，容易引起齿龈炎，甚至蛀牙，就像体内其他的黏膜组织易红肿、发炎及出血，所以要关注孕期口腔保健。应习惯饭后刷牙及使用牙线，使用含氟牙膏预防蛀牙，刷牙时同时刷舌能清除更多细菌，并可保持呼吸清新。如果做不到饭后即刷牙，至少应该使用漱口水减少齿龈炎及蛀牙的发生。孕期补充钙能强固牙齿。

整个孕期至少需预约口腔门诊1次，而且越早越好，常规检查口腔齿龈情况、洗牙。一旦发生龋病要及时治疗，补牙时可以给予常规局部麻醉，孕中期后（孕12周后）补牙还可以使用低剂量的笑气，局麻和笑气对于孕妇和胎儿都是安全的。关于严重的齿龈疾病的治疗（如根管治疗、拔牙）及术前、术后抗生素使用需咨询牙科医生和产科医生。

从安全角度考虑，常规的口腔X线摄片检查应尽量延迟到分娩后。但如果病情需要，口腔X线摄片应针对口腔，远离子宫，拍摄时更需有腹部防护装备，所以不用过于担心。

19. B超筛查可以发现胎儿所有的畸形吗

超声大畸形筛查也叫部分畸形筛查，并不能发现所有的畸形。例如，胎儿头颅的畸形筛查，包括颅骨是否完整、脑室是否扩张、口唇是否连续，另外还有脊柱、心脏、肾脏、胃泡、膀胱、四肢、脐血管等大体形态结构，对于这些器官的细微结构与功能，超声是无法检测的。超声检查可因受检者多种因素影响（如胎儿体位、羊水过少、孕妇肥胖腹壁透声差等）而致许多器官或部位无法显示或显示不清，因此超声检查不可能显示胎儿所有的解剖结构。胎儿畸形是一个动态形成的过程，没有发展到一定程度，不一定能表现出来，超声报告只能对检查当时进行客观的描述和评价。

超声大畸形筛查一般选择在孕中期，具体在孕22~24周。太早做筛查，由于器官发育尚小，不易看清楚。太晚做筛查的话有些脏器超声很难检查，而且一旦胎儿存在大的畸形，会造成引产困难，给孕妇造成不必要的创伤。

20. 孕期要做哪些自我监护

孕期仅靠医生检查是不够的，孕期自我监护既可消除思想上的紧张和顾虑，又可协助医生及时发现异常，争取赢得宝贵的抢救时间，有利于母子的安全和健康。常用的监护内容有量子宫高度、测腹围大小、测体重、听胎心、数胎动等项目（表5-1）。

表5-1　常用的孕期监测方法

监测项目	监测方法	参考值	监测目的
测量子宫高度	每周1次，从20周后开始，解尿后取仰卧位，两腿放平，腹壁放松，用软尺沿腹中线测量耻骨联合上缘中点到子宫底之间的距离	怀孕10～12周时，宫底位于耻骨上方到16周时宫底居于耻骨和肚脐中间 20～22周时达到脐部 28周位于肚脐上2～3横指 32～34周达到剑突下2～3横指	子宫高度可间接反映胎儿生长情况和羊水情况，如果连续数周不增加，说明胎儿有生长迟缓可能，如宫底升高太快，提示胎儿生长太快或羊水过多
测量腹围大小	从20周后开始，每周1次。用软尺围绕脐部水平一圈进行测量，松紧适度	正常情况下怀孕16～40周平均腹围增长共21 cm。怀孕20～24周时，腹围增长最快，平均为1.6厘米/周；24～34周平均为0.84厘米/周；怀孕34周后，腹围增长明显减慢	若腹围增长过快应考虑羊水过多、双胎等；如增长速度过慢，应怀疑胎儿生长迟缓。当然，腹围的大小受孕妇怀孕前腹围的大小、体型和胎位的影响，应综合分析
监测血压	血压偏高者，每周监测1次，在家使用家用血压计或在社区测量	孕期理想血压为：收缩压90～120 mmHg；舒张压60～80 mmHg	监测妊娠期高血压
监测孕期体重	每周测量，固定时间，早晨排了小便后，空腹测量	一般孕早期共增长1～1.5 kg，孕中期每周增长250～350 g，孕晚期每周增长约500 g	孕期体重是反映孕妇营养状况和胎儿生长发育的指标。当然很少有孕妇的体重完全按照这样的标准增加，有一些波动也是很正常，尽量避免体重起伏过大

续表

监测项目	监测方法	参考值	监测目的
监测胎心	可使用家用胎心仪听胎心，一般胎心在靠近肚脐的左右两侧容易听到，每天听1~2次，每次听2~3分钟	一般正常胎儿的心率在每分钟120~160次，规律的，强弱一致	了解胎儿宫内安危情况
数胎动	应该每天早、中、晚各数1小时胎动。数胎动时，可以坐在椅子上，也可以侧卧在床上。把双手轻放在腹壁两侧，静下心来专心体会胎儿的活动。胎儿动一下算1次，连续动也算作1次。为了便于记忆，数胎动的时候，可以用计数器、纽扣、牙签或者其他什么来帮助计数	如每小时胎动大于等于3次为正常，小于3次/小时或减少50%者提示胎儿缺氧可能,应立即到医院检查	了解胎儿宫内安危情况

三、分娩前须知

1. 第一胎时早产，第二胎还会早产吗

　　早产有很多高危因素，其中有早产史孕妇其早产的再发风险是普通孕妇的2倍；前次早产孕周越小，再次早产风险越高。

　　首先要查明白早产的原因，如果是自身条件的原因，如宫颈功能不全或子宫畸形造成的，那么这一次尽早采取措施，如通过切除子宫纵隔、宫颈环扎等方式预防早产发生。如果是外在条件

引起的，如感染、不良生活习惯等，那么备孕时就要筛查感染并治疗，同时注意合理营养、适当活动、改善生活习惯，妊娠7个月后应避免性生活。

2. 第一胎时剖宫产，第二胎能顺产吗

两孩政策放开后，越来越多的第一胎选择了剖宫产的女性会重新考虑第二胎的分娩方式。第一胎剖，第二胎还有顺产机会吗？这也是因人而异的。

首先看前次剖宫产的手术方法，常用的剖宫产手术采用的是子宫下段横切口的剖宫产术。这种术式再次妊娠的子宫破裂率较低，为0.5%~1%，所以可以有阴道试产的机会。而如果前次剖宫产是在较小的孕周，子宫下段尚未形成，可能采用子宫体部直切口的方式，再次妊娠的子宫破裂率高达10%，所以不建议选择顺产。

子宫切口和皮肤表面切口的横竖方向是没有关系的，最好是孕前能够拿到手术记录让医生明确手术方式。另外，剖宫产后子宫切口的愈合情况也很重要，愈合不良、有感染裂开或形成较大憩室者不适合尝试顺产，备孕期间最好先去医生处做详细的检查和咨询。

其次是看两次分娩间隔的时间，子宫瘢痕的愈合需要一定时间，最好间隔两年再孕，如需顺产，二次间隔至少要在18个月以上才可以考虑。也就是说如果要尝试二胎顺产，那么至少在剖宫产后达到1年才能再次准备怀孕，如间隔时间过短，以剖宫产为宜。

怀孕后还要看这一次是否还存在其他的剖宫产指征。如果有胎位不正、头盆不称、中央性前置胎盘，或是第一次剖宫产的指征依旧存在，就无法尝试顺产。

其他的，如胎儿大小、骨盆情况、并发症的情况也是需要有

经验的医生进行个体化评估的，因为有发生子宫破裂的风险，所以要选择到开展"一胎剖、二胎顺"项目，并且有紧急剖宫产和新生儿抢救能力的医疗机构产检和分娩才安全。对于有顺产意愿的孕妇，积极控制自身体重和胎儿大小、适当的营养和锻炼、控制并发症的产生也是增加顺产成功概率的必要准备。

3. 已经相隔 10 多年了，高龄妈妈怀二孩能顺产吗？影响二孩妈妈顺产的因素有哪些

第一胎顺产的经产妇无论年龄多大，如果体力尚好、单胎胎位正、双胎第一个胎儿头位、孕期无严重产科合并症或并发症都可以经阴道分娩，但如果存在以下因素则需考虑剖宫产。

（1）胎儿宫内窘迫短期内不能经阴道分娩者。

（2）胎位异常，如单胎足月臀位、横位。

（3）前置胎盘或前置血管。

（4）双胎第一个胎儿非头位；复杂性双胎；连体双胎、三胎及以上的多胎妊娠。

（5）脐带脱垂不能迅速经阴道分娩者。

（6）胎盘早剥。

（7）巨大儿出现头盆不称。

（8）孕妇出现严重合并症及并发症，如心脏病、呼吸系统疾病、重度子痫前期或子痫、急性脂肪肝、重症肝内胆汁淤积症、血小板减少等不能承受阴道分娩者。

（9）生殖道严重感染，如淋病、尖锐湿疣。

（10）妊娠合并肿瘤，如宫颈癌、巨大的子宫颈肌瘤及子宫下段肌瘤。

4. 都说经产妇分娩快，出现什么征兆需要立即住院

一般来说，经产妇的总产程较初产妇为短，尤其是第二产程。经产妇的宫颈较初产妇软、松弛，宫颈管易容受、展平；孕晚期产检时，当产科医生告知胎头已入盆或半入盆或出现阴道见红、规则腹痛或破膜时需及时去医院检查，以免在家中或去医院途中分娩，避免产伤的发生。

5. 有子宫肌瘤，可以在剖宫产的同时把肌瘤摘除吗

若肌瘤阻碍胎头下降应行剖宫产术，术中是否同时行肌瘤剥除需根据肌瘤大小、部位和患者情况而定。原则上剖宫产同时不行肌瘤剥除术，因为妊娠期子宫血供异常丰富，剥肌瘤的创面极易出血造成产后出血休克、弥散性血管内凝血（DIC）可能，甚至子宫切除。如果肌瘤为浆膜下型，剖宫产术中可同时行浆膜下肌瘤切除术；如果肌瘤占据整个子宫前壁下段及宫体部，术中为娩出胎儿只能先行肌瘤剥除，再进宫腔娩出胎儿，这种情况下产时、产后出血概率很大，要做好产后出血的应急处理。

6. 第二胎还能镇痛分娩吗？什么时候申请镇痛麻醉比较合适

当然可以镇痛分娩，这是孕妇的权利。因为经产妇产程相对较短，尤其是第二产程，所以正式临产（规则腹痛、宫口开大）时无需等到进入活跃期即可申请镇痛麻醉。有人担心麻醉后会使宫缩减弱，影响产程进展，这大可不必担心，因为产科医生还有很多引产的方法，包括人工破膜、催产素引产及其他的药物引产。

7. 第一胎时侧切，第二胎还要侧切吗

　　随着助产技术的不断提高，目前初产妇的会阴侧切率已降到20%~25%。所以仅当出现会阴切开的指征，如胎儿宫内窘迫，必须尽快娩出胎儿；产钳助产；产前估计胎儿巨大；巨大儿肩难产及产妇有产科合并症、并发症需尽快分娩，才需进行会阴侧切，其余情况下可以不做会阴侧切。

顾　玮　王丽萍

上海交通大学医学院附属国际和平妇幼保健院

第六章　产后保健

　　十月怀胎，孕妈妈们辛辛苦苦收获了喜悦的"果实"后，进入了产后一段特殊的时期。产褥期是指从生完宝宝起，直到妈妈的身体基本恢复到怀孕之前状态的这一段时期，为期6周。我们常说的"坐月子"就在这一段时期。

　　坐月子与现代医学产后恢复的理念是一致的，但旧时科学未够昌明，许多误解与陋习混杂其中，渐渐形成传统。这些所谓传统由老一辈人代代口口相传，现代女性有必要了解一些科学知识。等以后你做奶奶或外婆的时候可不要再唠叨那些旧传统喽！

一、产后恢复

1. 产后何时可以恢复性生活

正常分娩，子宫体要在产后42天才能恢复正常大小；子宫内膜创面要在产后56天左右才能完全愈合；阴道黏膜要等卵巢功能恢复正常，即月经来潮以后，才能完全恢复正常。所以，正常分娩后56天内不能过性生活，最好在月经恢复后再过性生活。通常，顺产2个月后可以有性生活，剖宫产3个月后才能过性生活。因为剖宫产有手术伤口，伤口恢复需要更多的时间。若有发热、宫内感染，均须等病愈后，身体恢复健康时才能有性生活。

2. 产后如何避孕

产后来月经的前2周左右就会有排卵，就有怀孕的可能性。因此产后一旦开始性生活，就应该积极避孕。产后不哺乳者可选用口服避孕药，也可选择使用避孕套避孕。产后哺乳者不能使用口服避孕药，此阶段最佳避孕法是使用避孕套。无论是否哺乳，均可选择宫内节育器，一般顺产后3个月，剖宫产后6个月可放置。但要在医生帮助下，对避孕环的形状、型号加以选择，若出现不规则出血、白带增多、月经延迟、腹痛症状，应尽早就诊。在放环半年内，每月做1次B超查环。若出现掉环或带环受孕，原则上不宜再放环，应改用其他方法避孕。不想再生育的女性也可选择做绝育手术。

3. 产后多久恶露才能干净

分娩后随子宫蜕膜脱落，血液、坏死蜕膜等组织经阴道排出，称为恶露。恶露有血腥味，但无臭味，持续4~6周。因颜色、时间及内容物不同，分为血性恶露、浆液恶露、白色恶露3个阶段。产妇刚生完宝宝，阴道流出鲜红色血液及坏死的脱膜组织，持续3~5天，医学上将这一时期的恶露称为血性恶露；产后1周，恶露的颜色会逐渐的变为浅红，较为黏稠，主要为坏死蜕膜组织、宫腔渗出物和宫颈黏液等，持续10天左右，这一时期的恶露称为浆液恶露；产后2周左右，恶露颜色变得更浅，呈白色，其中含有表皮细胞、白细胞等，一般持续3周，这个时期的恶露称为白色恶露。

4. 产后恶露有异味怎么办

产后恶露一般持续4~6周，恶露有血腥味，但无臭味，所以要观察恶露的情况。如果恶露有臭味、持续时间过长或者量过多就必须去医院检查。常见的原因有子宫腔感染、子宫腔内有妊娠物（如胎盘、蜕膜等组织残留）、子宫复旧不良。如为剖宫产，还可能有剖宫产切口愈合不良、合并切口血肿形成等。如果伴有腹痛、发热，则有发生感染的可能，按照感染发生部位，分为会阴、阴道、宫颈、子宫切口局部感染及急性子宫内膜炎、急性盆腔结缔组织炎、腹膜炎等，因此，要引起足够重视，并及时到医院检查治疗，以确保母体产后的健康。

5. 大小便后会阴伤口疼痛怎么办

部分产妇，分娩时需作会阴切开。由于会阴区神经较丰富，敏感性高，术后伤口疼痛严重者达36%，可能在活动及大小便后较为明显。产生会阴伤口疼痛的原因有多种，需要区分对待。

产后会阴切口痛是正常现象，疼痛当天较重，48小时后减轻，疼痛严重时可口服止痛片，如散利痛等以减轻疼痛。会阴明显水肿、缝线绷紧会加剧伤口疼痛，可能持续时间较长。但大多在产后1周能缓解，伤口愈合的时间大约是2周。可用95%酒精纱布或者50%硫酸镁湿敷会阴伤口，同时抬高臀部，以利水肿减退。也可以用商品化的会阴冷敷垫敷会阴，消肿止痛。如发生切口血肿，肿硬且痛不可碰，应拆开伤口，清除积血，缝扎出血点，重新缝合伤口后，疼痛便可减轻。如出现切口感染，有红、肿、痛、热和全身发热症状，应使用抗生素进行消炎，若伤口有脓液，应抽取脓液或切开排脓。

还要注意，大小便后需及时清洗，保持会阴清洁，减少会阴感染的可能。产后及时解尿，避免尿潴留。尽量避免便秘，大便时屏气用力会加剧会阴疼痛感，也容易造成会阴伤口裂开。

6. 会阴伤口如何护理

首先，保持会阴部清洁。会阴伤口无论是撕裂还是切开的，一般3~5天即可愈合，每天要用温开水清洗两次。为预防伤口感染，每天用苯扎溴铵（新洁尔灭）或碘伏擦洗会阴2次。大便后切忌由后向前擦，应该由前向后，还须再次清洗。注意勤换卫生护垫和内衣。平时睡眠或卧床时，最好侧卧于无会阴伤口的一侧，以减少恶露流入会阴伤口的机会。其次，防止会阴切口裂开，避免做下蹲、用力动作；保持大小便通畅，避免便秘。再者，当伤口出现肿胀、疼痛、硬结，并在挤压时有脓性分泌物时应及时去医院，找医生诊治。

7. 产后饮食应注意什么

由于母体分娩时的能量消耗及产后恶露、大量出汗，产后恰当的饮食调养可尽快补充足够的营养素，帮助产妇早日恢复。产后最初几天由于胃肠道功能减弱，一次进食过多或过于油腻会增加胃肠道负担，所以应该进食较清淡、易消化的食物，如米粥、软饭、烂面、蛋汤等。产后7天食欲恢复正常，再逐渐增加富含蛋白质的食物，如鱼、禽、蛋和瘦肉类等，还要多吃富含维生素和微量元素的新鲜蔬果。在产后1个月内，宜一日多餐，每日以5~6次为宜。忌食寒凉生冷和辛辣刺激性食品，避免烟酒、浓茶和咖啡。

8. 产后需要补钙吗

产后仍然需要补钙。母乳中含有供新生儿成长所需的钙质。研究发现产妇如果每日泌乳1 000~1 500 ml，会失去500 mg左右的钙，可见产后女性钙流失的量很大，乳汁分泌量越大，钙的需要量就越大。另外，产后体内雌激素水平较低，泌乳素水平较高，在月经未复潮前骨更新钙的能力较差，骨钙流失较多，乳汁中的钙会消耗过多体钙，如不补充足量的钙就会引起骨质疏松，因此哺乳期依然是钙需要量最大的阶段。中国营养学会推荐乳母每天的钙适宜摄入量为1 200~1 500 mg，由于日常膳食很难达到。因此，建议产妇除多吃奶制品和钙含量丰富的食品外，最好每天补充钙片。

9. 产后需要补铁吗

铁是构成血液中血红蛋白的主要成分，没有铁元素，血红蛋白就不能合成。孕期存在生理性血容量增加导致的生理性贫血，分娩时因失血丢失约200 mg的铁，产后恶露失血，哺乳时从乳汁中又要流失部分铁元素，均导致孕产妇患缺铁性贫血的比例较高。

为了预防产后贫血，产后充分补铁是很重要的。按营养学家的要求，我国成年女性每日需要铁15 mg，孕期及哺乳期需要18 mg。通常，每日膳食中供给的铁元素仅有15毫克左右，人体只能吸收其中的1/10，其余来自破坏的红细胞中铁的再利用。产妇应多吃容易吸收的含铁丰富的食物，还要讲究食物合理搭配，以提高机体对铁的吸收率。产时失血较多，或者孕前和孕期有贫血者，应该适当地服用铁剂。

10. 产后何时能恢复体育锻炼

经阴道自然分娩的产妇，在产后6~12小时就可以下床轻微活动，产后第2天可在室内随意走动。行会阴后－侧切开或剖宫产的产妇可适当推迟活动时间。顺产的产妇3~5天后就可做一些收缩骨盆的产后康复锻炼，产后2周就可以做柔软体操或伸展运动。剖宫产的产妇，则视伤口愈合情况而定，一般产后1个月可开始做伸展运动，而产后6~8周才适合做锻炼腹肌的运动。总之，产后康复锻炼应根据自身情况因人制宜，运动量也应循序渐进。如果孕前一直有运动习惯的妈妈，每次练习控制在1小时内，如果孕前没有运动习惯，难于每次运动坚持1个小时，那也应该保持不少于30分钟，建议1周至少坚持锻炼2~3次。

11. 产后多久能恢复体力劳动

一般应该根据个人体质、营养状况和产后恢复情况来确定，不一定非要有时间界限。通常应从轻微的体力劳动开始，不活动对身体恢复也不好，产后从事轻微的劳动可以使机体的恢复能力加快。一般产后42天以后能恢复一般的劳动，可选做一些力所能及的家务劳动，如擦擦桌子、收拾房间等，以劳动完不感觉疲愈为适宜。但产妇在恢复家务劳动之前应该到医院做一下产后检查，包括全身检查及生殖器复旧、伤口愈合情况、盆底功能等内容。检查表明身体基本恢复正常后才能从事体力劳动，这是最安全的。休满产假后，可恢复原先的体力劳动。

二、月子与疾病

1. 为什么坐月子老出汗

分娩后最开始的几天里，产妇出汗特别多，尤其在饭后、活动后、睡觉时和醒后出汗更多，被称为"褥汗"。产后出汗多，主要是皮肤排泄功能旺盛，将妊娠期间积聚在体内的水分通过皮肤排出体外，这是产后身体恢复，进行自身调节的生理现象，不属病态。褥汗一般在产后1~3天较为明显，于产后1周左右自行好转，但也应注意护理。首先，室温不要过高，适当开窗通风，保持室内空气流通；其次，产妇穿盖要合适，不要穿戴过多、盖过厚的被子，出汗多时用毛巾随时擦干，夏天应避免产褥期中暑。

2. 坐月子需要一直卧床休息吗

"产后坐月子要一直卧床休息"，其实这是一种错误的认识。产后最初几天，产妇比较疲劳，可以充分卧床休息，但也应下床适当活动，这样可加速血液循环，有利于恶露的排出、子宫的复旧，还可促进肠蠕动、增进食欲、促进膀胱排尿功能的恢复，减少尿潴留和便秘以及下肢静脉血栓的发生。同时，适时开始产后康复锻炼有利于腹壁及骨盆底部的肌肉紧张度的恢复，预防产后尿失禁、子宫脱垂等并发症，并减少腰腹部、臀部等处脂肪蓄积，有利于产妇体形的恢复。但不提倡过早地进行体力劳动，在产后6周内，严禁提举重物和较长时间站立或蹲着。

3. 产后为什么会腰背酸痛？该如何处理

产后腰背酸痛的常见原因包括：①为适应孕期和分娩过程，孕妇内分泌发生改变，导致骨盆的韧带变得松弛。分娩后内分泌系统的变化不会很快恢复到孕前状态，骨盆韧带在一段时间内还处于松弛状态，腹部肌肉也变得较软弱无力，易引起腰背酸痛。②产后妈妈要经常弯腰照料宝贝，如洗澡、穿衣服、换尿布，经常从摇篮里抱起宝贝等易诱发腰部疼痛。③产后较少活动，总是躺或坐在床上休养，加之体重增加，腹部赘肉增多，增大了腰部肌肉的负荷，造成腰肌劳损而发生腰痛。④经常采取不当或不放松的姿势给宝贝哺乳，使腰部肌肉总处于不放松的状态中，腰部肌肉受到损伤也易引起腰背酸痛。

处理：从孕期即应该开始预防腰痛；产后避免经常弯腰或久站久蹲；给孩子哺乳时采取正确姿势；在生活中注意防护腰部。产后腰背痛，轻者可以通过康复锻炼缓解，疼痛严重的产妇重的可能需要推拿、针灸、理疗和药物外敷等治疗。

4. 坐月子期间可以吹空调吗

夏天天气炎热，产妇出汗又多，对于正在坐月子的产妇来说是个很大的考验。如果按照一些传统的做法，在高温下坚持不开空调，房间密不透风，室内温度不能得到及时降低，会使得产妇体温升高。产妇又长衣长袖，捂得严实，人体热量无法释放，不仅容易起痱子，甚至可造成中暑。产妇居室温度要适中，一般在22~24℃为好，因此适当地吹空调有助于坐月子。但是月子期间吹空调也有许多需要注意的地方，如空调不能直接对着人吹，温度不能过低，最好穿长衣长裤，不能长时间吹空调，注意开窗换气，注意要及时定期清洗空调。

5. 坐月子期间可以洗头、洗澡吗

在传统的观念里，产妇在坐月子期间是不能碰水的——不能洗头发，更不能洗澡。这是因为以前的生活条件比较艰苦，产妇洗澡不慎，容易着凉、受冷风，所以老一辈的人认为产妇在月子里洗澡会落下妇科病。现在生活条件改善了，有独立的卫生间，浴室有淋浴和浴霸，不用等到出月子再洗澡。

其实，产后及时清洁身体具有活血、行气的功效，可帮助产妇解除分娩疲劳，保持舒畅的心情；还可以促进伤口血液循环，加快愈合；加深产妇睡眠，增加食欲，使气色好转。因此，月子里及时洗澡对产妇健康还是有很多益处的。

6. 坐月子期间洗澡有什么注意事项

（1）宜淋浴（可在家人帮助下），不宜盆浴。

（2）每次洗澡时间不宜过长，特别是产后不久的新妈妈，身体还比较虚弱，一般洗澡时间控制在5~10分钟即可。

（3）洗澡时水温不宜过凉或过热，浴室要通风，因为在闷热潮湿的环境下产妇容易晕倒。如果是冬季，浴室要有取暖设备。

（4）洗后尽快将身体上的水擦去，及时穿上御寒的衣服后再走出浴室，头发可以用电吹风吹干，避免受凉感冒。

（5）如果会阴部没有伤口，只要疲劳一恢复就可洗澡，若会阴部有伤口，生产后24小时即可洗澡，洗完澡后仍应保持会阴切口干燥。剖宫产术后10~14天待伤口愈合后再洗澡，在此期间可以让家人帮忙擦浴。

7. 产褥期可以减肥吗

很多产妇急于将孕期增长的体重减下来，进行盲目减肥；也有产妇为了哺乳拼命吃喝，这两种做法都不可取。采用合理运动、科学饮食、产后收腹带及骨盆矫正带等自然减肥方法来帮助产后物理减肥，便能逐渐恢复怀孕前的体型状态。产后由于激素水平的急剧下降，基础代谢率下降，因此需要减少高热量食物的摄入，警惕产后肥胖的发生。在保证饮食健康、营养均衡的基础上，可进行适量的有氧运动，但不主张剧烈运动。孕期腹壁肌肉等组织的拉伸在产后经过适度锻炼可以逐渐恢复，另外坚持母乳喂养不仅有利于新生儿生长发育、产妇子宫复旧，也利于产妇体型的恢复。

8. 产后抑郁症有哪些表现

一般来说，经历妊娠及分娩的激动与紧张后，新妈妈精神极度放松，对哺育新生儿的担心、产褥期的不适均可造成她们的情绪不稳定，许多产妇开始感到孤独、疲乏，对周围的人和事失去兴趣，情绪低落，甚至莫名其妙地哭泣，严重的可能有错觉、幻觉、伤害婴儿，甚至自杀的行为，这就是产后抑郁症，主要有以下几种表现。

（1）情绪抑郁。

（2）对以前很喜欢做的事情明显失去兴趣，对自己的孩子、家人和朋友冷淡。

（3）比平时吃得明显多或明显少，体重显著下降或增加。

（4）失眠或睡眠过度。

（5）不断出现恐惧，全天大多数时间感觉没有原因的害怕。

（6）时常有负罪感，并自责。

（7）感到哀伤，会哭泣很长时间。

（8）担心自己不是一个好母亲，害怕与婴儿单独相处。

（9）难以集中注意力，容易健忘，并且犹豫不决。

（10）有伤害自己或婴儿的想法或行为，甚至出现死亡的想法。

9. 得了产后抑郁症怎么办

产后抑郁症是一种疾病，受到多种社会因素、心理因素及家庭因素的影响，加强对孕妇的精神关怀，在孕期和分娩过程中，多给她们一点关心和爱护，对于预防产后抑郁症具有积极的意义。

如果上述的症状在产后4周内出现并持续存在，那么产妇就需要寻求帮助了。需要特别强调的一点是：产后抑郁不是产妇的错，这是很常见且可以治疗的心理症状。作为家人，发现产妇有这些症状的时候，要给予理解、安慰，并及时寻求医生帮助。

发生这种情况，需要做些什么呢？

（1）主动寻求帮助，咨询心理医生或精神科医生，不要觉得难为情，早发现、早干预总是好的。

（2）与家人、朋友或同事公开谈论你的感受，把压力释放出来，接受别人的关注是一种很有效的自我保护方式，大哭一场也无妨，应尽情地宣泄郁闷的情绪。

（3）暂时把婴儿交给其他人帮忙带，让自己有足够的睡眠和休息。

（4）不要操心琐碎的事情，尽量交给其他人处理。

（5）在家人陪伴下适当出门活动，散散步，进行简单的锻炼，如瑜伽。有助于转移视线，不再钻牛角尖，增强自控感和自信心。

有些新妈妈抑郁程度更严重，情况会持续2周或更久，持续影响睡眠和食欲，这些妈妈可能会陷入绝望之中，甚至希望婴儿从未出生，甚至死去，这就需要及时寻求专业的治疗，包括药物治疗和心理治疗。

10. 得了产褥期痔疮怎么办

痔疮是一种常见的慢性肛肠疾病，妊娠后肠蠕动减弱，易便秘，加之子宫逐渐增大，直接压迫直肠静脉，可引发痔疮或使原有痔疮加重。产后静脉回流障碍解除,痔疮一般会缓慢变小或缓解。但产褥期活动减少，肠蠕动减弱，加之腹肌及盆底肌松弛，易产生便秘，所以部分产妇在产褥期痔疮较之前更加严重，需要注意以下几点。

（1）饮食：宜选择清淡、营养、含粗纤维多的食物，多食水果、新鲜蔬菜，多饮水,防止便秘。进食大量刺激性食物可使局部充血，痔疮症状加重，因此应忌辣椒，少食姜、蒜等刺激性食物。

（2）活动：产后应劳逸结合,适当活动,避免久站、久坐、久蹲。适当的活动可以促进肠蠕动，防止便秘，从而减轻症状。

（3）产后要保持会阴清洁，勤换内裤，每次便后用清水清洗肛门，保持干燥，防止感染，请勿热水坐浴。

（4）保持充足睡眠，生活规律，养成定时排便的习惯。

（5）哺乳时采取卧位，避免坐位时压迫肛周加重疼痛。

如果症状无法缓解或者持续加重，请及时就医。

11. 产后盆底功能障碍有什么表现

有不少产妇发现分娩后出现以下情况:仅仅是向下屏气、咳嗽、运动时就会憋不住小便而漏尿，更有甚者笑一笑、躺着睡觉都会漏尿；容易出现腰酸背疼、小腹坠胀现象；感觉阴道松弛、性生活不满意；一直有尿意，但是小便时又无法完全解干净，结果老往卫生间跑；更有甚者阴道口可用手摸到脱出的包块，用力时症状更加明显，这些其实都是盆底功能障碍惹的祸。这些症状虽然不会危及生命，却严重影响着产妇的身心健康。

盆底好比一根橡皮筋，在会阴肛门处托起膀胱、子宫、直肠等盆腔器官，在维持夫妻生活快感、排尿、排便等多项生理功能方面起重要作用。妊娠、分娩的过程，不可避免地对盆底肌肉造成不同程度的损伤。就像橡皮筋持续拉伸后弹性变差，盆底肌肉也一样，过度使用后会出现劳损而出现功能障碍，不能把相应的器官固定在正常位置，表现为松弛下垂，相应的功能也会受到影响。

如果产后不注意休养、过早提重物、大运动量活动，过早从事需要屏气用力的家务活，都会使盆底肌肉恢复延缓，甚至加重损伤。这些临床表现会随着年龄增大、女性雌激素水平下降有加重的趋势，需要尽早重视及治疗。很多发达国家20年前就已经很重视女性盆底功能障碍问题，并普及对产后女性的常规盆底肌肉训练，减少盆底功能障碍的发生。

12. 治疗盆底功能障碍的方法有哪些

有人认为盆底康复治疗必须在产后进行，但事实上，随着妊娠进展，子宫慢慢增大，盆底承受的压力和损伤也与日俱增。因此，在计划妊娠期、妊娠期，女性就可以进行盆底肌肉训练，加强盆底肌肉的收缩运动。

如何训练盆底肌肉的功能呢？可先以中断尿液的感觉来体会一下。解尿解到一半时，试着让解尿中止，这时你会感觉会阴部收紧的感觉。多感觉几次，熟悉了之后就可以随时作这个运动。

建议无论是剖宫产还是顺产的产妇都有必要进行盆底肌肉训练。轻度患者只需在医生的指导下自己回家做盆底肌肉的锻炼。而中、重度的患者可以在医院接受电刺激生物反馈等治疗。正规医院还会针对不同患者制定个性化的治疗方案，采取最适合的康复训练方法。

13. 产后需要进行妇科检查吗

回答是肯定的。医学上产褥期是指从胎盘娩出至产妇全身各器官（除乳腺外）恢复到正常未孕状态所需的时期，一般为6周。通常在产后6周进行产后检查，其中就包括妇科检查。妇科检查主要包括外阴及阴道检查、宫颈、子宫体大小及压痛情况、双侧卵巢输卵管的大小及压痛情况。因为产褥期内母体各系统的解剖和生理改变很大，子宫内尚有巨大创面，机体抵抗力低，易发生感染。通过妇科检查可以发现异常的情况，如阴道、宫颈、子宫内膜炎症，有无子宫复旧不良等，同时可以检查剖宫产伤口、会阴伤口愈合情况。

　　另外，孕期发现宫颈新柏氏液基细胞学检测（TCT）检查、宫颈涂片异常或阴道镜检查异常的患者产后应该及时复查，以免贻误病情。

14. 患妊娠期血压高的产妇产后怎么随访

　　发生在怀孕期间的血压升高通常在分娩后会有明显缓解。有妊娠期高血压产妇产后6周血压基本会恢复正常，但仍有一小部分产妇血压下降不理想，因此有妊娠期高血压的产妇仍需定期监测血压。如果产后6周仍有持续高血压应及时到内科就诊，很有可能在孕前已经有慢性高血压疾病存在。

　　有重度子痫前期的女性，如果没有经过全面的孕前检查，应至心内科就诊，排查有无慢性高血压、慢性肾脏疾病，并且随访孕期异常的指标，如蛋白尿，肝、肾功能等。

　　如果妊娠之前就有慢性高血压，分娩后应该继续到心内科随访，必要时药物治疗。

　　鼓励超重女性减轻体重，以降低未来妊娠的风险。另外，下次妊娠与此次妊娠的时间间隔小于2年或大于等于5年时可能再次发生相同疾病。

15. 有妊娠期血糖高的产妇产后怎么随访

如果孕前无糖尿病，妊娠期血糖高，孕期通过饮食及运动控制血糖，分娩后即可恢复正常饮食。但应避免高糖及高脂饮食，继续监测血糖，如果空腹血糖反复大于等于7.0毫摩尔/升（mmol/L），就需要到内分泌科就诊治疗。妊娠期应用胰岛素者，一旦恢复正常饮食，应及时行血糖监测，血糖水平显著异常者，仍需应用胰岛素皮下注射，根据血糖水平调整剂量。所需胰岛素的剂量一般较妊娠期明显减少。

孕前就有糖尿病的孕妇，产后的胰岛素用量可以恢复至孕前水平。

母乳喂养的产妇可减少胰岛素的应用，且有利于降低子代发生糖尿病的风险，所以鼓励母乳喂养。

妊娠期糖尿病孕妇及其子代是患糖尿病的高危人群建议在产后6~12周时进行随访。

16. 妊娠期甲状腺功能异常的产妇产后怎么随访

（1）妊娠合并甲状腺功能亢进：部分产妇产后有病情加重倾向，不但需要继续用药，而且要增加药量。产后需要检测甲状腺功能，警惕甲状腺功能亢进危象的发生。哺乳期抗甲状腺功能药物首选甲巯咪唑，产妇可以继续口服，具体剂量需咨询内分泌科医师。

（2）妊娠合并甲状腺功能减退：孕前已诊断甲状腺功能减退需要口服优甲乐的孕妇分娩后应该恢复到孕前剂量，产后6周复查甲状腺功能，并据此调整用药剂量；而对分娩前甲状腺功能正常的亚临床甲状腺功能减低女性而言，产后应停用优甲乐。产后6周复查甲状腺功能，再制定进一步的治疗方案。

（3）产后甲状腺炎：是自身免疫性甲状腺炎的一种类型，产妇如果出现心悸、颈部肿大、乏力、情绪易激惹、食欲增加、体重下降或者是产后抑郁等，需警惕产后甲状腺炎的发生，需到内分泌科就诊并进行治疗。

17. 产后尿潴留怎么治疗

产后尿潴留的原因主要是产道、膀胱及尿道因分娩时胎先露的压迫导致功能暂时性障碍，另外因为产后会阴部疼痛可使产妇产生排尿心理障碍，惧怕排尿而引起急性尿潴留，另外分娩镇痛也可不同程度地引起产时、产后尿潴留。

要鼓励产妇适当下地活动排尿，克服惧怕排尿时伤口疼痛的心理阴影，可以通过流水声诱导、热敷、按摩促进排尿。

但是如果以上方法均不奏效或者产道水肿明显，就需要留置导尿管，使膀胱的逼尿肌得到充分休息。一般留置48小时以上，视水肿情况，个别产妇可以出院后留置1周后再拔除尿管。

三、哺乳与健康

1. 产后母乳不够怎么办

产后母乳若不够，可以从以下几方面加强：①心理护理，在孕期就作好母乳喂养的心理准备，树立信心，相信自己母乳量能够满足婴儿需要。②增加营养，多吃蛋、奶、鸡、鱼、瘦肉和动物心、肝、血等。③充足的休息与睡眠，体力消耗过多不仅影响乳汁分泌，而且还会影响产妇的情绪，进而影响泌乳反射。④指导产妇正常哺乳，包括尽早开始哺乳、按需哺乳、挤出多余的乳汁、用正确的哺乳方法等。⑤饮食治疗，促进乳汁分泌的饮食有鲫鱼汤、猪蹄汤、红小豆汤等，饮食宜淡不宜咸，应适当增加动物脂肪之

类的食物。

2. 产褥期发现乳房硬结需要就诊吗

产褥期发现乳房硬结的原因有多种，不同情况的解决方法不同：①乳房内充满乳汁而形成硬结。多发生于长时间没有哺乳或是乳汁过多的产妇，可以让宝宝多吮吸，及时排出一部分乳汁，减轻乳房的胀痛感，并观察硬结是否好转或消退。②乳房硬结如伴有明显的发热，需要及时就诊，如检查发现乳房局部的红、肿、热、痛，伴有白细胞计数升高，则可能是乳腺炎，需要停止哺乳，吸空乳汁，局部外用药物和使用抗生素，一旦形成脓肿需切开引流。③如硬结不伴有上述乳汁淤积和乳腺炎的改变，则需要及时至乳腺外科就诊，明确诊断。

3. 母乳喂养时饮食方面的注意事项有哪些

母乳喂养期间饮食方面的注意事项包括：高蛋白质、高热量的食物，如瘦猪肉、牛羊肉、鸡蛋等；保证钙等无机盐的需求，如牛奶、虾米；保证水分摄入，如小米粥、排骨汤、鲫鱼汤等汤、粥类；多吃水果蔬菜，保证维生素摄入。为了满足哺乳需要，每日应多吃几餐，以4~5餐较为适合。如果少奶或无奶，也不要轻易放弃，可以食用一些催乳特餐或药膳。不适宜的食物包括：有可能抑制乳汁分泌的食物，如韭菜、麦乳精等；刺激性的食品，如辛辣的调味料、辣椒和咖啡等；油炸食物和腌制品；易产气的食物，如大蒜、洋葱、西兰花等，否则宝宝易出现肠绞痛样反应。

4. 哺乳期间何时会来月经? 如果来了月经还能继续母乳喂养吗

产后雌激素及孕激素水平急剧下降，至产后1周时已降至未孕时水平，而产后月经的恢复及排卵时间受哺乳的影响。产后不哺乳的女性通常比哺乳的女性月经来得早。不哺乳的产妇通常在产后6~10周月经复潮，在产后10周左右恢复排卵。哺乳的女性，月经恢复的时间一般会延迟。有的在哺乳期间一直不来月经，直到给孩子断乳后月经才复潮。但因为个体差异，有些哺乳的女性月经恢复的时间要早于不哺乳的女性，也属正常现象。月经恢复对奶水质量影响不大，可以照常哺乳。

　　需要提醒新妈妈注意的是，排卵恢复不一定与月经恢复同步。不少新妈妈在月经恢复前就已开始排卵，所以哺乳期虽然不来月经，但仍有怀孕的可能，已恢复性生活的妈妈要当心意外怀孕。

5. 乳房胀痛、发热、有硬结怎么办

　　乳房胀痛、发热、有硬结多数是因乳汁淤积，乳房过度充盈及乳腺管阻塞所致。因此，排空乳汁是关键。

　　（1）哺乳前先用热毛巾将乳房包起来，湿热敷3~5分钟，用双手的五指指腹由乳房四周轻轻向乳头方向按摩，但不宜用力挤压，应反复有节奏地按摩、放松，沿着乳管方向把淤滞的乳汁逐步推出，使乳房硬结尽量变软、变小，直至乳房松软。

　　（2）按摩同时可轻揪乳头数次，挤压乳晕，以扩张乳头根部的乳管，按摩至乳汁排出通畅。

　　（3）检查哺乳姿势和宝宝的衔乳方式，试着调换不同的哺乳姿势，以利乳房各部位的乳汁排出。

　　（4）乳汁排空应及时，多哺乳，以1~2小时排空1次为宜，通过婴儿的吸吮使乳腺畅通，如果宝宝未能完全吸尽患侧乳房的乳汁，可用手或吸奶器挤出多余的奶水，同时也应保证健侧乳房的及时排空。

　　（5）减少鱼汤、肉汤等汤类的摄入，保证休息，增加维生素

C的摄入。

（6）使用柔软合适的胸罩承托乳房，有利于血液循环，减轻疼痛。

（7）若出现下述情况，除使用上述方法外，还需要尽快去医院检查：①乳房发热、疼痛8~24小时不见好转，突然加重或持续恶化；②持续发热或忽然高热（38.5℃或更高）；③乳房发红、灼热与肿胀；④乳汁中出现脓液或血液；⑤乳房、乳晕至腋下部位出现红色斑痕；⑥皲裂的乳头看起来像是感染了。

6. 乳头凹陷如何哺乳

怀孕后，由于体内雌、孕激素增多，乳房腺管、腺泡开始发育，乳房增大变软，因此，妊娠期是纠正和改善乳头内陷的较好时期。

（1）手法纠正乳头内陷：先用温热毛巾敷乳头，然后洗净双手，两拇指平行放在乳头两侧，牵拉乳晕皮肤及皮下组织，由乳头向两侧拉开，然后两拇指放于乳头上下，慢慢纵向牵拉，再用拇指、食指和中指捏住乳头轻轻向外牵拉，如此反复，一般10分钟左右即可。另外，由于按摩乳房的刺激会引发子宫收缩，故此操作最早应在孕晚期进行，一旦出现腹部疼痛或不适，应及时停止，以免发生早产或流产。除手法纠正外，也可借助乳头牵引器或乳头保护罩，使乳头通过宝宝的吸吮变长。

（2）内陷的乳头得到纠正的，可按需哺乳，哺乳时要选择一个舒适的体位，从而减轻其疲劳紧张感。

（3）家庭支持很重要。有些乳头凹陷的新手妈妈在面对哺乳困难时，往往会出现不同程度的焦虑或自怨自艾的心理。这个时候，家庭的支持是非常重要的，家人应该给予她精神、体力上的支持，让产妇能积极地配合凹陷乳头的矫正，促进母乳喂养的成功。

（4）如果内陷乳头实在是过于严重，无法得到纠正，不能完成母乳喂养的，应及时退奶，以免乳汁淤积，引起急性乳腺炎。

7. 乳头皲裂怎么办

乳头皲裂是哺乳期常见病之一。轻者仅乳头表面出现裂口，重者局部渗液、渗血，哺乳时往往有撕心裂肺的疼痛感觉，令新妈妈坐卧不安，极为痛苦。发生这种情况的主要原因可能是孩子在吸乳时咬伤乳头，预防方法如下。

（1）哺乳时应先在疼痛较轻的一侧乳房开始，并尽量让婴儿吸吮大部分乳晕，因为乳晕下面是乳汁集中之处，如此婴儿吃奶省力，也达到了保护乳头的作用，是预防乳头皲裂最有效的方法。

（2）交替改变哺乳时的抱婴位置，以便吸吮力分散在乳头和乳晕四周。

（3）每次哺乳时间以不超过20分钟为宜，哺乳完毕，一定要待婴儿口腔放松乳头后，才将乳头轻轻拉出，硬拉乳头易致乳头皮肤破损。

（4）在哺乳后挤出少量乳汁涂在乳头和乳晕上，短暂暴露和干燥乳头，由于乳汁具有抑菌作用，且含有丰富蛋白质，有利于乳头皮肤的愈合。

（5）哺乳后穿宽松内衣，有利于空气流通和皮损的愈合。

（6）如果乳头疼痛剧烈或乳房肿胀严重，婴儿不能很好地吸吮乳头，可暂时停止哺乳24小时，但应将乳汁挤出，用小杯或小匙喂养婴儿。

8. 妈妈是乙肝病毒携带者，可以哺乳吗

我国是乙肝高发区。一些患乙肝的妈妈未能获得正确的健康指导，会放弃母乳喂养而轻易选择人工喂养。我国2015年版《慢

性乙型肝炎防治指南》明确指出："新生儿在出生12小时内注射乙型肝炎免疫球蛋白和乙型肝炎疫苗后，可接受乙肝表面抗原（HBsAg）阳性母亲的哺乳。"

实际上，母乳喂养并不会增加乙肝病毒感染风险，原因为：①HBV主要经血（如不安全注射）、母婴及性接触传播。②母婴传播主要发生在围产期（包括分娩前、分娩时及分娩后），大多因在分娩前或分娩时接触HBV阳性母亲的血液及体液而感染。也就是说，通常在妈妈决定其婴儿的喂养方式之前多数婴儿的乙肝感染已经发生。③我国《乙型肝炎病毒母婴传播预防临床指南》明确指出："即使孕妇乙肝病毒E抗原（HBeAg）阳性，母乳喂养并不增加感染风险。"④随着乙肝疫苗联合乙肝免疫球蛋白的普遍应用，母婴传播已经大大减少，新生儿能够得到有效的保护。约5%接种乙肝疫苗仍患病的乙肝新生儿，感染乙肝的时机多数发生于胎儿期的宫内感染（垂直传播）和分娩的时候。因此，拒绝母乳喂养是没有必要的。

9. 妈妈感冒、发热还可以哺乳吗？发生哪些情况应停止哺乳

一般来说，如果母乳妈妈患了普通感冒，母乳喂养并不增加婴儿患病的机会，完全可以继续哺乳。尤其是当已经出现了感冒、发热的症状时，其实病毒早已进入人体了，但恰恰因为母乳含有珍贵的抗体，继续哺乳反而会帮助宝宝增强抵抗力。

如果母乳妈妈感冒症状轻微，通常可不用药，可通过多喝水、补充维生素C、注意休息来缓解症状。而且在哺乳时妈妈最好戴口罩，防止近距离传染。

在感冒初期，如果有一些鼻塞、流鼻涕等的症状，可以煮红糖姜茶，趁热喝，以利发汗，祛感冒。

同时要注意卫生，勤洗手，尽量少对着宝宝说话或亲热。

如果持续发高热，必须吃药的话，应当咨询医生，选择对宝宝没有影响的药物。

发热只是一个症状，是身体针对外来病原体入侵的反应，不过如果是持续发热或者感冒症状越来越严重，还是要到医院检查到底是什么原因引起的，是病毒感染还是乳腺炎。

10. 如果患乙肝的妈妈乳头破损了还可以哺乳吗

正如前述，乙肝病毒主要传播途径为：经血和血制品传播、母婴传播、经破损皮肤和黏膜传播及性接触传播，不经消化道及呼吸道传播，我国首部《乙型肝炎病毒母婴传播预防临床指南》明确指出："虽然感染HBV的孕妇的乳汁中可检测出HBsAg和HBV DNA，而且有学者认为乳头皲裂，婴幼儿过度吸吮，甚至咬伤乳头等可能将病毒传给婴幼儿，但这些均为理论分析，缺乏循证医学证据。即使无免疫预防，母乳喂养和人工喂养新生儿的感染率几乎相同，且更多的证据表明，即使孕妇HBeAg阳性，母乳喂养并不增加感染风险；因此无需停止哺乳。"

11. 哺乳时小腹疼痛正常吗

有的新妈妈觉得一哺乳就小腹坠疼或者腰酸得不行，同时可能还伴有一阵恶露的排出，其实这是子宫在收缩造成的。

乳汁的分泌受大脑中枢调控——分泌泌乳素，促进乳汁分泌。而婴儿吸吮乳头可以反射性地刺激大脑不停地分泌泌乳素。泌乳素一方面可促进乳腺分泌乳汁，另一方面可以作用于子宫，引起子宫收缩，引起前面所说的症状。这个过程是生理性的，不需要担心。子宫在分娩后逐渐恢复至孕前大小，哺乳引起的子宫收缩可以促进这个过程，同时可以促进恶露排出，减少产褥期感染的发生，是有利于产妇产后恢复的。

12. 哺乳期月经来潮了需要避孕吗

当然需要避孕。哺乳期月经来潮提示卵巢排卵功能的恢复。但排卵恢复不一定与月经恢复同步，有不少新妈妈在月经恢复之前就已开始排卵。如果首次排卵时恰恰发生了无保护性生活，那么哺乳期月经未来潮也会怀孕。所以，处于哺乳期，特别是月经已经来潮的情况下，新妈妈们更需要进行避孕。

哺乳期避孕应选择不影响乳汁分泌质量的方法。推荐的方法有宫内节育器、男用避孕套，外用杀精剂。一般宫内节育器放置时间是顺产后3个月，剖宫产后6个月。

不适宜的方法是复方避孕药、阴道药膜、计算安全期、体外排精。在无保护性生活后可以采用紧急避孕药左炔诺孕酮，其可以在哺乳期使用，建议服药前即刻喂哺婴儿1次，而后暂停喂哺婴儿36小时（可吸出奶水并丢弃）。需要提醒新妈妈的是，紧急避孕药仅能作为事后紧急补救措施，不能作为常规避孕方式反复使用。

胡　蓉　郭　方　顾蔚蓉
复旦大学附属妇产科医院

第七章　科学养育

　　儿童是家庭的希望、祖国的未来。二宝的诞生给家庭带来了新的希望、新的喜悦。喜悦之余，怎样让两个孩子都能健康成长呢？这个问题很现实地提到了两孩家庭的议事日程上。养育大宝的过程已积累了不少经验，相隔几年了，现在还有更新的方法吗？男孩、女孩发育过程有什么不同之处呢？两个孩子会不会有同样的健康问题呢？诸如此类的许多问题父母都会感到困惑。本章将就新生儿与母乳喂养、计划免疫与疾病防治、体格发育与心智发育、营养喂养与营养性疾病、起居规律与生活护理等5个方面给两孩家庭一些科学、实用的养育指导。

一、新生儿与母乳喂养

1. 新生儿有什么特殊状态

新生儿有6种状态：深睡、浅睡、瞌睡、安静、觉醒和啼哭。新生宝宝在不同状态有不同的行为能力，主要表现如下。

（1）视觉：新生儿在觉醒状态时能注视物体，最优视焦距为19 cm，移动头部追随红球，这是宝宝中枢神经系统发育完善的表现之一。

（2）听觉：新生儿喜欢听成人高频语声，在哺乳时小耳朵紧贴母亲胸前，听到熟悉的心跳声，产生了亲切感和安全感。

（3）嗅觉：出生5天的宝宝就能区别自己母亲的奶垫和其他乳母奶垫的气味。

（4）味觉：出生1天的宝宝味觉已发育得很好，对不同浓度的糖溶液可表现出不同的吸吮强度与量。

（5）触觉：触觉的感官在宝宝的皮肤黏膜，新生儿期间开展按摩抚触，可以使以睡眠为主的新生儿逐步进入安逸的觉醒状态。

（6）习惯形成：新生儿期间宝宝对刺激有反应，已具备短期记忆和区别两种不同刺激的功能，逐步形成良好的习惯。

（7）交往能力：新生儿已具有和成年人交往的能力，用哭声引起成人的注意，并有微笑、皱眉等表情建立亲子互动。

父母在关心宝宝体格发育的同时，还要监测宝宝的感知能力，神经系统的发育，促进宝宝体能、心理、情感和社会交往能力全面发展。

2. 新生儿为什么会泌乳

当发现新生儿双侧乳房增大、泌乳，父母会很担心，其实这是一种生理现象。

新生儿，不论男孩还是女孩受到母亲体内激素的影响都会发生乳房增大、泌乳。母体卵巢分泌的黄体酮刺激婴儿乳腺增大、充盈；母体脑垂体分泌的催乳素刺激婴儿乳腺泌乳。一般泌乳的量极少（数滴至1~2 ml），不必作特殊处理，切忌挤压与搓揉，以免继发感染，或者使女孩乳头扭曲，乳腺功能受到破坏。

同样的道理，受母体内雌激素的影响，女婴阴道分泌物增多，并混有血迹，从阴道口流出，这种现象称为假月经。一般在出生后5~7天时发生，血性分泌物量不多，也无其他特殊症状相伴。假月经持续3~4天会自行消失，分泌物用消毒纱布轻轻拭去即可，不需要敷药，或作其他特殊处理。

3. 血管瘤是胎记吗

血管瘤多数为先天性的，儿童最常见的是毛细血管瘤与海绵状血管瘤。

毛细血管瘤在枕部、面部、四肢、背部多见，也有长在嘴唇、舌部等处。瘤的大小不一，小的直径只有几毫米，大的甚至侵犯整个颜面及肢体的大部分。毛细血管瘤在宝宝出生后即可发现，一般6个月内生长迅速，到2岁逐渐停止生长。

海绵状血管瘤除在皮肤、皮下组织和肌肉内发生外，也可在肝、肾等内脏出现。随着年龄增长而增大，甚至侵入周围组织，破坏正常组织。

父母发现宝宝先天长有血管瘤时不必过于紧张，因为血管瘤是一种良性瘤，现代技术有很多治疗方法，如激光、冷冻、放射性核素。如果海绵状血管瘤面积大，瘤比较厚的话也可以手术治疗。

血管瘤另有一种临床表现，为鲜红色的斑或痣，突出皮肤或扁平状，出生即有。但是出生后不再扩大，称为红斑、红痣，一般不需要治疗。

4. 你的宝宝是"珍贵儿"吗

母亲为高危孕、产妇的新生儿属于高危新生儿，受到产前、产时或产后各种危险因素影响，出生后需观察监护的新生儿也属高危新生儿。

当知道自己的孩子是高危新生儿时，担心新生宝宝的健康问题，妈妈产褥期月子坐不好，寝食不安，忧心忡忡。笔者在门诊遇到高危儿的爸爸妈妈，甚至祖辈都满面愁容，着急万分，为此发育儿科医生常常把高危新生儿改称为"珍贵儿"，为什么呢？

第一，当宝宝被称为"珍贵儿"后，可以减轻父母的心理压力，尤其是妈妈心情舒畅了，有利于产后的康复和乳汁的分泌。第二，对于"珍贵儿"从新生儿开始就有计划地实施早期干预，即通过医教结合给予宝宝丰富的环境刺激，第三，实践证明对"珍贵儿"加强发育监测，评估定期发育状况，有效进行健康指导，"珍贵儿"的体格、智能发育都能逐步追赶，回归健康儿童群体。

5. 你的母乳质量好吗

一个健康乳母每天最高乳汁量为800~1 000 ml，足以供应6个月以下婴儿的营养需要。不同乳母的泌乳量会有个体差异，同一位乳母每天泌乳量也会有一定的波动。事实上测定母乳的量比较困难，我们可以从以下几个方面判断母乳量足：乳房饱满，表面有青筋，容易挤出，宝宝吃奶时有连续咽奶声，吃完后能安静入睡，醒后精神愉快，体重每月稳定增加。

母乳的成分在产后1年内会有质的变化。初乳为产后3天内所分泌的乳汁，量较少，质略稠，色微黄，密度高，含脂肪少、蛋白质多，又富有微量元素锌及免疫物质SIgA和生长发育调节因子牛磺酸等。满月后乳母感到乳房充盈，乳量增多，则乳汁已由过渡乳变为成熟乳，一般持续到10个月。成熟乳哺喂时，每次喂奶先出来的奶叫"前奶"。前奶量大，色微蓝，富含蛋白质、乳糖和其他营养素。喂奶将近结束时，乳汁颜色逐渐变白，称为"后奶"。后奶富含脂肪，能提供较多的热量,使婴儿有饱足感,"前奶"与"后奶"为宝宝提供了足够、完全的营养。产后10个月后的奶为晚乳，各种营养成分有所下降。

6. 哺乳期生病服药有哪些注意事项

现实生活中我们常见到这两种极端：哺乳妈妈生病了，害怕药物影响婴儿，就拒绝服药，即使病得很严重还是不吃药；还有一种妈妈从不考虑后果，随便吃药。其实，哺乳期用药的一个重要原则就是既能有效地治疗妈妈的疾病，又要尽可能地减少药物对宝宝的影响。

哺乳妈妈用药前应先咨询医师，应尽可能选择已明确对乳儿较安全的药物。用药时间可选在哺乳刚结束，距下次哺乳最好间隔4小时以上。对于必须使用对乳儿影响不明确的药物时，最好暂停哺乳。暂停哺乳期间应定时将母乳挤出，以维持泌乳，待停药后继续喂哺。药物应用剂量较大或时间较长时，最好能监测乳儿血药浓度，调整用药和哺乳的间隔时间。

7. 母乳喂养应坚持多久

母乳是婴儿最好的天然食物，对婴儿的健康生长发育具有不可替代的作用。因此，世界卫生组织倡议，纯母乳喂养应至少持续6个月，并在添加辅食的基础上坚持哺乳24个月以上。一般情况下，年轻妈妈产后 6 个月，泌乳量与乳汁的营养成分开始逐渐下降，单纯的母乳喂养可能满足不了孩子生长发育的需要；也有一些妈妈要工作，不再具备单纯母乳喂养的条件，这时候可以开始逐渐添加辅食。如果母乳条件允许，应在添加辅食的基础上坚持哺乳至2岁或以上，这样更有利于孩子生长发育。

一些年轻妈妈错误地认为，6 个月后母乳对婴儿来讲就没有营养了，于是积极"断奶"，开始用各种配方奶粉代替母乳喂养宝宝。其实，这样做是不科学的。配方奶粉没有天然的抗体、生长因子等成分，不能像母乳一样增强宝宝的免疫力；不适当的配方奶粉添加，会减少宝宝吸奶时间、次数和能力，造成乳汁产量降低、乳房胀痛；人工喂养的宝宝过敏性疾病，如湿疹和哮喘的发病率较高；宝宝也可能因为人工喂养摄食过量而超重；同时，母乳喂养还能完全而深刻地满足孩子对于安全感的需要，有利于孩子的心理健康。

母乳喂养有这么多好处，各位妈妈请尽量延长母乳喂养的时间吧！

二、计划免疫与疾病防治

1. 接种"疫苗"后常见反应有哪些

预防接种后，常见反应往往是疫苗本身所固有的特性引起的，引起机体一过性生理功能障碍。常见的反应分为局部和全身反应。局部反应主要为接种部位有疼痛感、红肿硬结，一般不会留下永久性损害（卡介苗瘢痕除外）。全身反应主要为发热，也有宝宝伴有食欲缺乏、乏力倦怠等症状，如果反应程度较轻，不需要临床处理。

接种疫苗以后，医务人员会要求宝宝在医院留观30分钟，以防宝宝晕针、过敏等不良反应。对接种疫苗的局部，可以在24小时后用毛巾热敷，每天3次，每次10分钟左右，通过热敷可以减轻疼痛，也可以改善和促进局部组织吸收，避免硬结的发生。疫苗接种的当天宝宝不能洗澡，应给宝宝喝温开水，多休息，饮食保持清淡易消化。如发热高于38.5℃，就要服退烧药，加强观察，疫苗接种后2天仍发热不退，伴有身体不适，需就医治疗。

2. 为什么宝宝一出生就要接种乙肝疫苗和卡介苗

我国大多数乙肝病毒表面抗原携带者来源于母婴垂直传播及儿童早期的感染，因为新生儿对乙肝病毒无免疫力，而且免疫功能尚不健全，一旦感染了乙肝病毒，则易成为乙肝病毒携带者。1岁以下婴儿感染乙肝病毒后，将有90%以上的人会变成慢性乙肝病毒携带者。新生儿预防乙肝尤为重要。所有的新生儿都应当在出生后24小时内尽早接种第1剂乙肝疫苗，并按照0、1、6月龄的免疫程序，完成3剂乙肝疫苗的全程接种。如果是超过规定接种年龄又需要快速补种3剂乙肝疫苗的高危人群，可执行0、1、4月最短补种程序。

卡介苗接种后能使机体对结核分枝杆菌产生特异性的免疫力，可阻止结核分枝杆菌在人体内的繁殖和播散，它对预防结核性脑膜炎、粟粒性肺结核有较好的作用。世界卫生组织建议："新生儿应尽早接种卡介苗，越早接种越有利于保护孩子免受结核分枝杆菌的伤害。"我国的免疫程序是新生儿出生即接种1剂卡介苗，在产科医院完成。

3. 联合疫苗有什么优势

联合疫苗是指含有两个或多个活的、灭活的生物体或者提纯的抗原，由生产者联合配制而成，用于预防多种疾病。例如，百白破疫苗就是一种三联疫苗，可以预防白喉、百日咳、破伤风3种疾病；四联疫苗除了预防白喉、百日咳、破伤风外还可以预防流感菌B型。

联合疫苗不是简单的组合疫苗，每种疫苗都是经过科研开发的独立疫苗。随着科技的进步，联合疫苗的开发使一次注射可以预防多种疾病，提高了疫苗的接种率与覆盖率；减少多次注射带来的疼痛等反应；在疫苗生产中必须含有的防腐剂与佐剂的减少，也降低了疫苗的不良反应。这些就是联合疫苗的优势。

4. 髋关节发育不良会遗传吗

股骨就是俗称的大腿骨。股骨上端的股骨头与骨盆底髋骨的髋臼组成了髋关节。当股骨头从髋臼内移出时，称为髋关节脱位。这是一种比较常见的先天畸形，如不能及时治疗，患儿步态可出现异常，患髋与腰部疼痛，影响活动。

髋关节发育不良的病因尚不十分明了，遗传因子起重要作用，通过显性基因传递。我国此病的发生率为1.1%~3.8%，并以女孩多见，占60%~80%。因此，不论大宝是否有过先天性髋关节脱位，二宝出生后要加强观察，及时发现是否有髋脱位。

5. 幼儿急疹"急"什么

幼儿急疹是人类疱疹病毒感染引起的急性出疹性传染病，该病毒主要通过空气飞沫经呼吸道传播，呈常年散发，冬春季高发，多见于6~18个月婴幼儿。临床表现为：宝宝突然高热，体温一下子升到39~40℃，其他症状很少见，也有个别宝宝有些轻咳、咽部充血、颈部淋巴结大。3~4天高热后，骤然热退，同时全身出疹，从躯干到颈部、上下肢、脸面都布满红色点状皮疹，压之退色，皮疹间皮肤正常，3~4天后皮疹完全消退。根据"突起高热，热退疹出"这两个特点诊断并不困难，那么父母急什么呢？

　　第一个是起病急，宝宝突然高热；第二是高热，容易引起惊厥。高热时要及时给予物理降温或服退烧药以防惊厥；按医嘱用抗病毒药物；注意水分补充，饮食清淡。出疹期用清水洗澡，不用沐浴露，以免沐浴剂中化学成分刺激皮疹。

6. 秋季腹泻就是秋季拉肚子吗

　　秋季腹泻的医学名称为轮状病毒腹泻，发病高峰在秋季。轮状病毒是一种肠道病毒，躲藏在人体的肠道里，随着患者的粪便排出。被轮状病毒污染的食物、水源、玩具、用品，以及养护人员的手都会将此病毒经口传播给他人，即粪－口传播。儿童是秋季腹泻的易感人群，尤其是2岁以下的婴幼儿。

　　秋季腹泻主要临床表现为：①轻型，便次增多，每天5~10次，甚至更多，大便为水样便，水多粪少，如蛋花汤或伴有呕吐；②重型，患者除胃肠道症状外，还有发热中毒症状，伴有脱水、电解质紊乱等。粪便常规检查初起无特殊异常，几天后轮状病毒抗原呈阳性。

　　秋季腹泻已成了轮状病毒性腹泻的代名词，而宝宝秋季拉肚子还会由其他原因引起，如饮食不洁、喂养不当、消化不良、腹部受凉、胃肠功能紊乱、抗生素性腹泻等。而秋季腹泻（轮状病毒性腹泻）是秋季拉肚子中特定的一种。

7. 宝宝怎么会铅中毒呢

　　铅是一种重金属。铅具有可塑性强、耐腐蚀等化学特性，因此被广泛地应用于工业生产与日常生活中，现代社会冶金、锻造、化工、建筑装潢、食品加工业的发展使铅污染了环境，影响了儿童健康。铅暴露即儿童暴露在铅环境中，将铅吸收到体内引起中毒。

铅是嗜神经和胎盘的毒物，进入人体后对多种脏器有亲和力，对消化、造血、泌尿、生殖、神经等系统有伤害。临床表现有头痛、腹痛、情绪急躁、攻击行为、运动失调、智力障碍、偏食异食、体重不增、发育迟滞等。由于铅可以通过胎盘，母一胎间存在铅转运，处在快速发育中的胎儿对铅的毒性十分敏感，即使是低水平的铅暴露也会损害胎儿及婴儿的健康。

8. 怎样预防宝宝铅中毒

自然环境中的铅通过地壳侵蚀、火山爆发等现象释放入大气环境中。含铅汽油燃烧，环境媒介，如土壤和尘埃中的铅，被铅污染的水，含铅油漆对居住房间、教室课桌椅、学习用品、儿童玩具的污染，含铅或被铅污染的中药，含铅容器或与含铅辅料接触的食品等是铅污染的主要来源。预防铅中毒，须做到如下几点。

（1）远离铅污染的环境。铅是重金属，多存在于距地面1米左右的大气中，在这一高度范围将铅吸入体内的大多为儿童，儿童也就成为铅中毒的高危人群。有铅汽油的汽车尾气，煤炭、煤球燃烧过程中的浓烟都可造成环境铅污染。因此，不要带宝宝到重工业区或是交通繁忙地段逗留、玩耍。家庭装潢的油漆、劣质家具中的铅都会给儿童生存环境造成铅污染。也有专题研究报道，蜡烛，特别是有香味和慢燃的蜡烛，制作时使用了含铅材料，燃烧时会产生铅烟，也要避免儿童接触。

（2）不用铅超标的用品。陶瓷餐具上的彩釉与贴花是用铅颜料制成的，当食物与画面接触时，铅就可能被食物中有机酸溶解出来，因此儿童餐具最好不要选购花花绿绿的彩釉制品。人造水晶制品中含有大量的铅，因此不能用人造水晶容器盛放宝宝吃的果汁等酸性饮料。玩具、蜡笔、油画棒、橡皮泥等是儿童接触最多的用品，一定要选择环保无毒的产品。

（3）去除食物铅的残留。传统制作的皮蛋（松花蛋）含有过量铅，儿童不能吃，并且尽量少吃皮蛋粥等皮蛋制品；爆米花加工时，高温密封的老式爆米花机中的固体铅变成气态铅，污染了爆米花，会使铅的含量增加数10倍；水果、蔬菜的杀虫剂中含铅，因此要削皮后再给宝宝食用；射杀野兔、野鸡、鹧鸪等用的子弹是铅弹，如果经常食用这样的野味，也会使儿童摄入过量的铅；每天清晨第一次打开水龙头放出的水往往含铅量较高，热水龙头中放出的水含铅较冷水龙头高，因此早晨要连续放水3~5分钟，不要用热水器放出的热水烧开水。

（4）阻断来自父母的铅污染。与儿童接触最密切的父母要避免自身受铅污染，如从事开矿冶炼、蓄电池业、汽车维修、装潢油漆等铅作业的家长，在离开工作场地时要洗澡、更衣再回家；化妆品，如唇膏、眼霜、指甲油中都含铅，在亲吻与哺育宝宝时可对孩子造成潜在的危害；家庭中有抽烟的人会使孩子因被动吸烟而摄入铅。

（5）纠正儿童手–口行为。手–口途径是婴幼儿接触铅的重要途径，儿童玩具、学习用具表面油漆含有铅化物，儿童手摸口啃可直接摄入铅并进入消化道。儿童消化道对铅的吸收可高达5%左右。有研究表明儿童手上铅的含量与体内血铅的含量呈正相关。家长要注意纠正儿童吸吮手指的坏习惯，养成剪短指甲、勤洗手的好习惯。

（6）重视妊娠期铅暴露。妊娠期铅暴露可影响胎儿及出生后宝宝的生长发育，尤其对儿童神经系统的危害很大。孕妇要做好自身的保护，预防铅暴露。国外研究资料显示，纠正孕妇钙、铁及蛋白质的缺乏，同时饮食中增加维生素C和维生素E的摄入，对减少铅对胎儿、新生儿的危害有一定作用。

三、体格发育与心智发育

1. 为什么要测量体重、身长、头围、胸围

婴幼儿生长发育旺盛，通过体重、身长、头围、胸围的测量，可以客观地评定宝宝的发育水平。

（1）初生的宝宝平均体重约3 kg，到1岁时体重约为10 kg，男孩可稍重些。其中前半年的增速又比后半年快，这可以从下列数据看出：0~3个月每月增加体重800~1 000 g；3~6个月每月增加体重600~800 g；6~9个月每月增加体重250~300 g；9~12个月每月增加体重200~250 g。到2岁时体重为出生体重的4倍，2岁至青春期前体重增速逐渐减慢。

（2）身长：出生时平均为50 cm，第1年平均增23~30 cm，第2年平均增12~15 cm，2岁至青春期前每年只增4~8 cm。

（3）新生儿平均头围是34 cm，到1岁时为46 cm，增长12 cm。其中前半年增长9 cm，后半年增长3 cm；第2年增长2 cm。头围的增长保证了脑容量的增加，有利于婴幼儿神经精神的发育。初生婴儿的胸围小于头围2 cm，到1岁时胸围超过头围，也有发育好的孩子，6个月时胸围就赶上或超过头围了。

体格生长的速度既受到遗传等先天因素的影响，也受后天的环境、营养、疾病等因素的影响，定期进行体格测量，如发现体重、身长、头围、胸围不达标或异常超标，就可以及时寻找原因，去除不良因素，保证宝宝健康成长。

2. 囟门发育的临床意义是什么

囟门是婴儿头颅骨互相连接处还未完全骨化的部分。新生儿

有前、后两个囟门。后囟门为顶骨和枕骨形成的三角间隙，位于枕部，一般在出生后6~8周关闭。前囟门为额骨和顶骨形成的菱形间隙，俗称"天门盖"，位于头顶前中央。婴儿出生时前囟对边之间的距离为1.5~2.0 cm，在出生后的前3~4个月内前囟会随着头围的增大而增大。到了5~6个月后，随着额骨、顶骨逐渐骨化而缩小，到18个月左右闭合。

婴幼儿到儿保体检，医生通过囟门的测量了解宝宝的发育状况：囟门关闭过早，头围又明显小于正常要求，提示患有小头畸形；如果囟门不断增大，关闭延迟，多见于佝偻病、脑积水等疾病。临床医生诊病时也会检查囟门，正常情况下囟门外观平坦，稍微内陷。如果颅内压高，囟门的紧张度也增高，会膨隆；因为腹泻、呕吐等原因引起脱水时，囟门可以明显凹陷。关于囟门发育与智力的关系，要具体情况具体分析，在观察囟门发育的同时，注意智力的测试，才能作出确切的判断。

3. "珍贵儿"会追赶生长吗

对于养育过大宝的父母来讲，宝宝的生长发育不是一个陌生的话题。我们常常会听到奶奶、外婆讲："宝宝是日长夜大，一天一天不一样。"这就是最淳朴的对生长发育的描述。然而时代进步了，育儿的方式不断推陈出新，父母能学会精准地分析宝宝的成长过程，将为找到养育宝宝的科学依据。

生长是指儿童身体各器官与系统的长大及形态的变化，如身高、体重、头围、胸围可以通过规定的测量工具获得测量值，这是机体量的改变；发育是指细胞、组织、器官功能的分化与成熟，如心理发育中动作、语言、情绪、认知、生活技能、社会能力的发展，这是机体质的变化。一般用"生长"表示形体的增加，"发育"表示功能的演进，两者密不可分，共同体现了儿童机体的动态变化。

宝宝生长发育既有阶段性，又是一个连续的过程，各系统器官发育速度快慢不一，有先有后，生长发育有个体差异。也就是说，每个宝宝总是沿着自身特定的轨道前进，受到营养、环境、疾病等不良因素影响时，生长会变慢、偏离，甚至迟缓落后。通过健康干预，当不利因素被去除后，该患儿会超过同龄宝宝正常生长速度，并迅速调整到原有的生长轨道，这种现象称为赶上生长。

"珍贵儿"出生后会得到特别护理和严密监护，尽早给予生母的母乳，合理补充所需营养物质，从微量喂养逐步到足量喂养，再通过预防感染、随访指导等有效措施，大部分"珍贵儿"都能追赶生长。

4. 如何评定宝宝的智能

智能（智力）标示一种综合的心理功能，是一种从整体上表示人的高级心理功能的标志之一。一般认为儿童的智能是儿童对客观事物进行合理分析、判断及有目的地行动和有效地处理周围环境事宜的综合能力，是运动、语言、情感、认知、社会适应能力等多种才能的总和。心理学家通过各种智能测验了解婴幼儿智能发育。

首先计算出所测儿童的实际年龄（chronological age，CA），通过心理测验得到该儿童目前达到的年龄水平，即智龄（mental age，MA），再用智能计算公式测得智商（intelligent quotient，IQ）：

$$智商（IQ）= \frac{智龄（MA）\times 100}{实际年龄（CA）}$$

用智商的高低来评价智能的高低是比较客观的，但是不同的智商测试的内容各有不同，每个儿童在心理发育中也有个体差异，因此父母不要因为一次智测就给孩子下结论"聪明"还是"笨"。理性的父母应该通过智能测验了解你的孩子心理发育水平，再施以科学的早期教育。

5. 宝宝会模仿吗

模仿是婴儿学习的一种特殊方式。婴儿从出生后即能看和听，最初的看和听是婴儿的一种先天能力。然而，进入人类的社会后，婴儿的看和听就受到后天条件的影响。婴儿通过看和听在脑中积累经验，产生了注意、记忆和知觉。婴儿又通过自身的动作活动，反映着他们所看到和听到的，这就是模仿。

心理学家曾在出生12~21天的新生儿中拍摄了他们对成人伸舌、张口和撅嘴的模仿照片。在10~21周中这种模仿消失，不再出现。5~6个月婴儿出现了有意向的模仿，在10~22个月只是对他们理解了的动作及对他们有意义的姿势做出模仿。早期、晚期婴儿模仿行为有性质上的不同，新生儿早期的模仿反应只是一种无意识的自动化反应，随着大脑皮质的发展，逐渐被有意模仿所取代。

在0~3岁早期教育中要利用婴儿的模仿能力，如在亲子哺喂、语言训练中父母可以通过正确的示范动作，激发宝宝的模仿行为。

6. 宝宝的啼哭有什么奥妙

哭是婴儿基本的情绪之一，婴儿从出生即会哭，哭是婴儿与成人间生物性与社会性的交流。婴儿的啼哭主要有两种类别：一种是反映身体不适的啼哭；另一种是表示心理不适的啼哭。

第一种啼哭主要用以表示饥饿、寒冷、疼痛或其他身体不舒服，宝宝哭的时候伴有号叫和蹬腿，这种反映身体需要的啼哭向养育者提供了重要信息，有经验的父母或儿科医护人员会根据婴儿的啼哭判断是饿了、冷了、痛了，还是有其他什么健康问题。这种啼哭在婴儿早期频繁发生，随着宝宝的长大逐步减少，而疾病时仍会有各种啼哭。

第二种啼哭主要发生在受到持续的不良刺激，如受到惊吓时引起恐惧的啼哭；无人陪伴感到孤独时的嘤嘤哭泣。这类啼哭因其原因比较明确，而且宝宝在啼哭时带有明显的面部表情，容易为父母所鉴别。如果不良刺激长期得不到改善，啼哭会转化为痛苦，甚至愤怒。

总之，哭是婴儿体验苦恼的述说，宝宝从来不会无缘无故地哭，父母要学会观察宝宝的哭，分析宝宝的哭，缓解宝宝的哭。

7. 怎样训练宝宝爬行

第一步：掌握爬的姿势——支撑。婴儿颈后部的肌肉发育先于颈前部的肌肉，所以首先俯卧时会抬头，新生儿俯卧时就能抬头1~2秒钟，到3个月时抬头已很稳，到4个月就能用手支撑上半身，这是爬的姿势的准备。

第二步：激发爬的欲望——匍匐。新生儿俯卧时已有反射性的匍匐动作。2个月时俯卧位能交替踢腿，这是匍匐的雏形。到7个月时宝宝爬的意识增强，俯卧时腹部蠕动，四肢滑动，能在原地团团转。

第三步：完成爬的动作——膝手并用，爬行自如。训练爬行时，父母用左手托起宝宝的腹部，让宝宝用四肢支撑身体的重量，另一人在爬的前方用玩具吸引他向前，双手交替前进后双膝逐步跟上，反复训练后宝宝就会爬了。

8. 如何开发宝宝的"听－说"系统

婴幼儿期是宝宝听觉与语言发育的关键时期。发育健全的大脑、正常的语言器官、良好的语言环境、示范与模仿的互动、与认知的相互作用是语言获得的基本要素。

语言是受大脑皮质控制的，是人类所特有的高级功能，发育健全的大脑是语言发展的基本保证。婴儿早期营养不良，脑发育不全，围产期因物理、化学、生物等因素对大脑语言中枢的伤害，将影响脑细胞、神经纤维的数量和质量，影响听－说系统的开发。

在发音器官中肺脏是空气的存储器，声带是发音器，口腔、鼻腔、咽腔是共鸣器；在听觉器官中外耳鼓膜是震动器，内耳耳蜗是感受器，再通过听神经把声音传导到大脑听觉中枢产生听觉。正常的语言器官是"听－说"系统开发的重要保证。

语言的活动包括"发出"和"接收"两个方面，也就是婴幼儿向他人的语言表达和对他人语言的理解。父母或养育者给予宝宝足够的语言刺激，在家庭中构筑良好的语言环境是婴幼儿听－说系统开发的必要条件。

在日常生活与亲子游戏中，父母亲可以利用一定的参照物演示语言表达的方法，让宝宝模仿成人的口姿、语音和词语，示范与模仿的互动是"听－说"系统开发的促进条件。

语言的掌握在一定程度上依赖于认知的发展，亲子交往中可以在婴儿的运动中插入语言的训练，也可以在语词、语句的练习中伴以手足的动作，有利于"听－说"系统的开发。

四、喂养与营养性疾病

1. 怎样帮助宝宝顺利完成食物转型

4个月的宝宝可以添加泥状食物了，由于婴儿胃肠道比较娇弱，接纳新的食物有一个适应过程，因此要遵循下列原则，否则容易引起消化功能紊乱。

（1）从少量到多量。如蛋黄，先喂1/3，逐步增加到1/2，再到一整个蛋黄。

（2）由稀到稠。如炖蛋，先要炖成如豆腐花那样嫩嫩的，逐步再炖成蛋羹。

（3）由细到粗。如添加肉类，首先喂肉浆肉泥，逐步再制成肉米、碎肉喂。

（4）吃惯一种再添另一种。如鱼肉与豆腐，到7个月时都可以添加了，可以先试喂鱼肉，如果宝宝不吐不泻，也没有过敏，隔3~5天后再喂豆腐。

（5）必须在身体健康时添加新的食物。当宝宝患病时，其消化功能会降低，如果添加新的食物，容易发生恶心、呕吐，甚至腹泻。

2. 宝宝需要补充膳食纤维吗

婴幼儿期是宝宝生长发育最旺盛的时期，在这阶段中体格明显增长，机体各系统器官的形态、功能都在逐步完善，饮食结构从量的变化跨越成为质的变化，即液体食物，逐步过渡到泥状食物、固体食物。给宝宝提供充足的营养，如蛋白质、脂肪、碳水化合物、矿物质、维生素和水已为父母认识，然而膳食纤维的补充也是非常重要的，需要家长们的关注。

膳食纤维来自植物细胞壁，为复合碳水化合物组成，主要有纤维素、半纤维素、β-葡萄糖、果胶、树胶。木质素属多糖结构。膳食纤维不能被消化吸收，没有直接的营养价值，但也是宝宝饮食所必需的。膳食纤维可以促进宝宝的肠道蠕动，增加消化液的分泌，吸收水分，软化粪便，使其利于排出；部分膳食纤维能被肠道细菌分解，维持肠道功能；纤维素可增加食物黏度和体积，使胃排空延迟而有饱腹感，以此减少进食量和速度，降低热量摄入，控制体重。

3. 怎样选择与补充微量元素

微量元素包括：必需微量元素（碘、锌、硒、铜、钼、铬、钴、铁）、非必需微量元素（锰、硅、硼、钒、镍）和摄入过多会引起中毒的有毒微量元素（氟、铅、镉、汞、砷、铝、锡）。微量元素在生物体内须保持一定的浓度范围才有益于健康，缺乏将引起机体生化紊乱、生理异常、结构改变、导致疾病；过量则可能导致不同程度的毒性反应，以致中毒，甚至死亡。

微量元素中与婴儿健康相关且易缺乏的有铁和锌。从我国第三次营养调查来看，儿童缺铁或铁营养不足的占45%，缺锌或锌营养不足的占60%。

由于初生至4个月内的婴儿，体内有一定铁储存。4个月后体内储存的铁逐渐耗尽，即应开始添加富铁食品。含铁丰富的食品有强化铁的婴儿米粉、动物肝脏、蛋黄等。锌是核酸代谢和蛋白质合成过程中重要的活性成分，婴幼儿缺锌会导致食欲缺乏、味觉异常、异食癖、生长发育迟缓、大脑和智力发育受损等。新生儿体内没有锌储备机制，需要由食物供给充足的锌。母乳中的锌生物利用率高于牛奶，海产品、肉禽等动物食品锌含量及利用率均较高。然而微量元素过多也会引起机体功能失调，如铁过多可使胰腺功能减退而导致糖尿病。补锌过多会导致铁的缺失。所以，各微量元素均衡才是最有利于健康的。

4. 如何维持宝宝肠道微生态环境

孕期，胎儿处在母体无菌环境中。出生后，原来没有细菌的新生儿肠道开始有细菌定植，其中对人体有害的是致病菌，对健康有益的称为益生菌。

双歧杆菌、乳酸菌等益生菌的主要功能是：抑制胃肠道中有害菌群，干扰致病菌在肠黏膜定植，维持宝宝正常的肠道微生态环境。同时，益生菌能促进营养物质的消化吸收，刺激肠道的免疫功能，预防和治疗多种疾病。

研究发现，分娩方式可显著影响菌群的组成，剖宫产儿双歧杆菌定植晚于经阴道分娩儿，而且达到优势化时间也延迟。喂养方式也会影响肠道菌群的定植，母乳喂养儿肠道中双歧杆菌的量明显高于人工喂养儿。生命早期接受抗生素治疗的婴儿易发生菌群构成的异常，使肠道微生态环境紊乱，并影响免疫系统的发育。

总之为了维持宝宝肠道微生态环境的健康，需做到如下几点：①提倡阴道自然分娩，严格掌握剖宫产指征。②提倡母乳喂养，初生婴儿早接触，早吸吮。③增强微生态意识，避免滥用抗生素。④微生态疗法，对于早产儿、低出生体重儿、剖宫产儿、人工喂养儿，可及早补充活菌制剂。上述措施能有效地帮助肠道正常菌群的建立，优化肠道微生态环境，降低感染的发生，促进宝宝健康成长。

5. 怎样判断宝宝是否营养不良

营养不良可见于不同年龄的儿童，尤以婴幼儿多见，主要表现为进行性消瘦、皮下脂肪减少、发育迟缓、水肿，常常伴有各种功能的紊乱。引起营养不良的原因为摄入不足、吸收障碍。也可由于喂养者缺乏营养知识，喂养不当，引起营养不良，如单纯用淀粉类喂养，造成蛋白质、氨基酸、脂肪等摄入不足；奶类喂养期间没有及时添加辅食；不良的饮食习惯如挑食偏食，造成营养摄入不均衡。另一个原因为疾病影响，营养丢失过多，如唇裂、腭裂、幽门狭窄等先天畸形；反复腹泻，结核病等急慢性炎症造成营养不良。

营养不良分为消瘦型和水肿型两种。消瘦型是由于总热量、蛋白质、氨基酸和各种营养素均缺乏引起的。此时宝宝一天天消瘦，体重不增，反而减轻，皮肤苍白干燥，动作发育迟缓，抵抗力下降。水肿型是由于热量接近需要量，而蛋白质和氨基酸严重缺乏，如媒体披露过劣质奶粉引起的大头娃娃就是因为劣质奶粉中蛋白质含量不到1%，使婴儿面部、下肢水肿，甚至全身水肿造成的。这样的孩子体温偏低、反应淡漠、动作笨拙、智力低下。

营养不良同时会并发贫血、各种维生素缺乏症、体格发育落后、免疫力低下。宝宝容易生病，严重者会引起体内各种代谢失调，父母发现宝宝有上述健康状况时，要及时去医院明确诊断，在医生指导下合理治疗。

6. 宝宝怎么得了佝偻病

佝偻病是一类多种因素导致的钙、磷代谢异常，骨化障碍而引起的疾病，发生于骨骺闭合之前的儿童生长发育期，以骨骼病变为主要特征。其中维生素D缺乏性佝偻病最为常见，主要见于婴幼儿。中医对佝偻病宝宝有"夜啼郎"的称谓。

维生素D缺乏性佝偻病是一种常见的小儿营养性疾病。体内维生素D不足引起钙、磷代谢失常，使钙盐不能正常沉着，最终发展成骨骼畸形，同时还会影响神经、肌肉、造血、免疫等组织器官的功能。佝偻病早期会出现一系列神经精神症状，如小儿易激怒、烦躁不安、睡眠不宁、夜惊夜啼、多汗盗汗、汗味异常、枕后脱发（枕秃）；活动期的患儿有乒乓头，肋软骨沟，"手镯或脚镯""O"型腿或"X"型腿等骨骼改变；到后遗症期，各种临床症状消失，中-重度佝偻病会遗留不同程度的骨骼畸形，如鸡胸、漏斗胸等。

佝偻病的治疗要略为减轻临床症状，控制活动期，防止骨骼畸形，预防再次复发。在专业医师指导下西医一般用大剂量的维生素D肌内注射或口服，既可以用于预防，也可以用于突击治疗，同时服用适量的钙剂。在西医治疗的同时配合中医治疗，使"夜啼郎"能燥湿醒脾、补虚敛汗、胃纳增加、夜眠安宁、强筋壮骨。

7. 宝宝怎么得了贫血

小儿营养性贫血一种是饮食中缺乏铁质引起的小细胞性贫血，另一种是机体内缺乏叶酸、维生素B_{12}引起的大细胞性贫血。

出生后4个月内的婴儿利用母亲体内带来的铁制造血，随后来自母体的铁质逐步耗尽，母乳与牛乳内铁质含量较低。因此，4个月的婴儿会出现体内铁的不足；食欲缺乏、挑食偏食、反复腹泻的小儿可造成体内叶酸、维生素B_{12}的缺乏；低出生体重儿、早产儿、双胞儿因后天发育速度较正常儿快，对铁的需求相对会高，又没有及时添加富铁的食物；因疾病造成慢性失血，如消化道溃疡、反复鼻出血、钩虫病等都会引起小儿营养性贫血。贫血的宝宝面色苍黄、表情呆滞、恶心厌食，影响生长发育。

在辅食添加时补充富含造血物质的食物，如蛋黄、动物肝脏、新鲜绿叶蔬菜与水果，可以预防小儿营养性贫血。被诊断为贫血的宝宝必须在医师的指导下接受治疗，服药1个月后复查，根据病情好转的程度，还要进一步巩固治疗6~8周。

8. 宝宝越胖越健康吗

一般我们把体重指数超过正常值20%作为诊断肥胖的价值点，超过20%~29%为轻度肥胖，超过30%~49%为中度肥胖，超过50%为重度肥胖。儿童肥胖的病因十分复杂，发生的原因和机制至今尚未完全明确，但已确定主要与遗传和环境因素有关。

儿童肥胖大多属于单纯型肥胖，是机体内在遗传因素和外界环境因素相互作用的结果。肥胖不仅威胁儿童时期的健康，而且会延续到成年，增加成年期患糖尿病、高血压等慢性病的风险。

国内外的调查和研究表明，母乳喂养儿肥胖的发生率远低于人工喂养儿；肥胖是由过度喂养所导致的。造成过度喂养的原因有：当父母认为孩子吃得越多越健康时，就根据自己认为婴儿应该进食的量，促使婴儿尽量多吃。父母把配方乳配置得比应有的浓度高，导致婴儿体内细胞外液呈高张状态，细胞内液减少，随之出现慢性口渴。慢性口渴又可能导致增加哺喂次数。过早添加辅食和高盐、高蛋白食物的摄入也会导致过度喂养。

预防婴幼儿肥胖最有效的措施有：①提倡母乳喂养。②防止过度喂养，养成良好的饮食习惯和建立生活方式。③纠正"宝宝越胖越健康"的误区。

五、起居规律与护理

1. 怎样观察宝宝的大便

新生儿一般在出生后10小时左右排出胎粪。胎粪呈墨绿色，质黏稠、无臭味，由胎儿肠道分泌物、脱落的肠黏膜细胞、胆汁、肠液和咽下的羊水共同组成。纯母乳喂养儿的大便呈金黄色，质柔软、均匀，呈糊状、略有酸臭味，每天排便可有4~6次，满月后逐步减少。人工喂养儿大便较干燥，呈淡黄色、量较多、含皂块颗粒较多、臭味重，每天1~2次，容易发生便秘。混合喂养儿大便的性状可以介于上述两者之间。添加辅食后宝宝的大便逐渐接近成人。

喂养不当、消化不良、肠道炎症及肠功能紊乱等原因会引起婴幼儿大便异常，如泡沫便、黏液便、脓血便、水样便、蛋花汤样大便。婴幼儿大便异常时，应及时到医院检查治疗。

2. 宝宝脐部护理的要点有哪些

脐带是母体与胎儿间物质与气体交换的通路，婴儿娩出断脐后，脐带完成了孕期的使命。家长要注意宝宝脐部的护理，预防脐部疾病的发生。

（1）脐出血。脐带剪除过多、残端过短、线结滑落、结扎过松或过紧都会引起脐带的残端出血，有的为慢慢地渗血，有的也会阵发性出血，因此要加强脐部出血的观察。

（2）脐炎。为脐部细菌感染所致。表现为脐带脱落后，伤口迟迟不愈，而且有溢液、溢脓，甚至蔓延到腹壁其他部位，也有继发腹膜炎的。新生儿脐带脱落前不要盆浴，应保持脐部的干燥，每天用消毒药水清洁脐部2次。不要用指甲抠挖脐部，如发现脐出血、脐炎，要在医生指导下治疗。

3. 怎样培养宝宝良好的睡眠习惯

睡眠有助于消除疲劳、恢复体力；有助于保护大脑、恢复精力；有助于增强机体免疫力；对儿童来讲，睡眠还能促进生长发育。充足的睡眠是脑细胞能量代谢的保证，充足的睡眠使长高所必需的生长激素高水平地分泌。可见，高质量的睡眠对宝宝的体格与智能发育是有益的。婴幼儿每日需要的睡眠时间与年龄成反比，年龄愈小睡眠时间愈长。表7-1中睡眠时间包括日夜总的睡眠时间。

表7-1 婴儿正常的睡眠时间

月 龄	睡眠时间
新生儿	20～22小时
2个月	16～18小时
4个月	15～16小时
9个月	14～15小时
12个月	13～14小时
15个月	13小时
24个月	12.5小时
36个月	12小时

良好的睡眠习惯是充足睡眠的保证。第一要抓早，出生后就要培养良好的睡眠习惯；第二要避免养成不良的条件反射，如抱着、晃着、哄着睡觉；第三要创造安静宜人的睡眠环境；第四睡前需保持平静，避免过度兴奋。

4. 你知道"三浴"锻炼吗

利用自然界中空气、阳光、水进行体格锻炼，使宝宝获得适应气候变化的能力可提高抵抗力，增强体质。三浴是指水浴、日光浴、空气浴。

（1）水浴。婴儿在脐带脱落后即可开展。水温保持在37~37.5℃，让小儿在温水中活动。冲浴时以喷壶冲水，开始时水温为35℃左右，以后逐渐下降至26~28℃。从上肢到胸背、下肢，不可冲头部。淋浴比冲浴更好，因温度之外还有水流的冲击力，起到一定的按摩作用，一般在2~3岁时开始锻炼。游泳除了温度及大量的水压作用外，还有日光和空气的作用，同时还伴有较强的活动，是一种良好的锻炼方法。

（2）日光浴。日光对宝宝的生长发育、代谢功能均起良好作用，但应该掌握适当的方法和刺激剂量。带宝宝外出晒太阳，夏天应安排在早晨与傍晚；冬天可以放在中午。到海边旅游日光浴时，宝宝头部应戴宽边帽，注意保护眼睛，年龄大些的可戴太阳镜，在日光浴的同时也接受了空气浴。

（3）空气浴。空气浴要根据宝宝年龄、季节特点来安排。在风和日丽的气候条件下要经常带宝宝去户外活动。即便是阴天，只要风不大，户外活动可以让宝宝皮肤上的感觉器接受空气的抚触，对机体内分泌有很好的调节作用，也能帮助宝宝感觉统合能力的发育。

5. 宝宝发热应如何应对

宝宝发热了，父母会非常着急，在家中如何应对宝宝的发热呢？

宝宝发热时，首先要用物理降温的办法，如多喝温开水。4~6个月的宝宝可以服菜水果汁，这样既可以补充水分，又可以疏通大便。第二，洗温水浴。水温比患儿体温低3~4℃，每次5~10分钟。温水浴可以通过皮肤散热、降温。第三，降低室温。宝宝居住环境的室温控制在23℃左右，保持空气流通，可以帮助体温慢慢下降。第四，贴退热贴。退热贴是近几年的新产品，父母都会自行选用，其实退热效果一般。不过，宝宝贴上退热贴后，额部会舒服点，对父母也是很好的安慰。

有效的药物降温也可以在家中实施。

（1）口服退热药。常用的有美林（布洛芬）与泰诺林，不同月龄阶段的宝宝可以选用不同剂型。这两种退热药的味道较好，宝宝容易接受。退热效果也还不错，口服20~30分钟起效，1小时左右达到高峰，退热作用持续4~6小时。

（2）退热栓剂。退热栓剂是从宝宝肛门塞入的药物。药物进入肛门后由直肠吸收，效果比较快速。对个别拒绝口服药或服药后易吐的宝宝，用退热栓剂是较好的选择。

家中采取应对宝宝发热的措施时，在孩子畏寒、寒战时不能随意进行；退热药物要严格按照医嘱执行；如伴有精神萎靡、表情淡漠，甚至抽搐、呕吐、腹泻、头痛、咳嗽等症状体征时，需及时去医院就诊。

6. 如何预防常见呼吸道传染病在宝宝间传播

呼吸道传染病是指病原体从人体的鼻腔、咽喉、气管和支气管等呼吸道侵入而引起的有传染性的疾病，常见的有流行性感冒、麻疹、水痘、猩红热、风疹、流行性脑炎、流行性腮腺炎、肺结核等。儿童由于免疫力较弱，且缺乏自我保护意识，容易感染各种呼吸道传染病。

预防呼吸道传染病应采用综合性预防措施：应按时完成预防接种；搞好环境卫生，经常开窗通风，保持室内空气新鲜；养成良好的卫生习惯，不要随地吐痰，勤洗手；保持良好的生活习惯，经常锻炼身体，保持均衡饮食，多喝水，提高自身免疫力；避免到人多拥挤的公共场所。

如果孩子有发热、咳嗽等症状应及时到医院检查治疗。切忌自行购买和喂服某些药品，不要滥用抗生素。同时要做好其他家庭成员的防护工作，尽量避免病菌通过饮食、空气、肢体接触等传播。

只有多掌握一些预防传染病的知识，严加防范，才能全力狙击传染病，让每个宝宝都能健康、快乐地度过每一天。

7. 如何预防手足口病的传播

手足口病是由肠道病毒引起的一种急性传染病，传染度颇高，5岁以下儿童易得。经皮肤、黏膜传播。多数患儿起病比较突然，初期症状一般是发热，继而常常出现恶心、头痛，以手、足、口腔、臀部等发生疱疹为主要特征。疱疹破溃后形成溃疡，可引起患儿口腔和咽喉疼痛，影响孩子的食欲。较小的宝宝常常表现为哭闹、拒食、流口水等。没有并发症的患儿，1周左右即可痊愈。少数患儿有神经系统症状，并发无菌性脑膜炎和皮肤继发感染，极少有后遗症。

预防该病应牢记"勤洗手、吃熟食、喝开水、多通风、晒衣被"15字口诀，让宝宝养成良好的卫生习惯。个人卫生用具、玩具、餐具、门把手、楼梯扶手、桌面等物品应定期全面清洗消毒。当宝宝被诊断为手足口病后应暂停去幼儿园和学校等公共场所，避免传染给他人和防止再感染其他疾病。

沃乐柳
上海交通大学附属儿童医院

第八章　两孩相处

　　大宝与二宝该如何相处？老年人对此问题不屑一顾，这不应成为问题啊，自己就是兄弟姐妹一大群，自然相处得很好啊。年轻父母却犯难了，他们自己可能就是独生子女，家中一直也是以大宝为中心，现在有了二宝，家庭的重心转移，大宝能适应吗？大宝与二宝能融洽相处吗？

一、和谐相处

1. 二宝降临，大宝可能出现哪些负面心理、行为变化

正当准父母、祖辈们热烈讨论着如何应对二宝的到来，家中大宝却不甘被忽视，也要积极行使决策权。有的孩子为了保证自己不失宠，让爸妈写下保证书——自己永远是第一位。更有孩子以逃学、跳楼、割腕自杀等激进行为威胁父母，甚至在二宝出生后，大宝会有伤害二宝的行为。

独生孩子从出生开始就被溺爱围绕。这种情形下成长的孩子心理承受能力会很差，怕失宠。如果孩子出现了不良情绪或是做出攻击行为，父母要加以重视和安抚，让孩子感觉到父母的爱没有被剥夺，反而会多一个新的家庭成员来爱他、陪他。父母可以让大宝适当地参与关爱二宝，培养孩子的责任感，也让大宝感觉到自己和弟弟妹妹之间是有联系的；适时表扬大宝，让大宝更有成就感和喜悦感。

当然，不同年龄、个性的孩子，对于弟弟妹妹的出现反应会大不相同，父母需细致观察、积极引导，与孩子的沟通需要循序渐进。

2. 两孩被分开抚养会导致哪些问题

两个孩子若被分开抚养，必然会导致有一个孩子享受不到父爱或母爱，这对孩子弱小的心灵无疑是一种打击。即使孩子很小，还无法言表自己的想法，但内心也能逐渐感受到这种差异，会觉得父母偏心。将来再和父母一起生活，仍会有一些隔阂。两个孩子之间的感情也会受到影响。当两个孩子相聚时，对对方的认同会有障碍，进而影响到生活中的互相分享、互相关照。

3. 如何避免偏心导致孩子心理落差

其实，老年人对孙辈偏爱程度不同是很常见的现象，有的重男轻女，有的偏爱小的，有的偏爱聪明伶俐的……

孩子的内心是非常敏感的，那些不被重视的孩子容易产生焦虑、自卑、抑郁等情绪。心理落差现象在孩子年龄小的时候可能会非常明显。面对这种情况，作为父母应该做的就是不要有明显的偏心。年轻的父母应该多与老人沟通，向老人阐明各种弊端，关键不要因大人偏心而扭曲了孩子的心理，导致有的孩子太骄横跋扈，有的心理自卑嫉妒。如何对大宝、二宝一碗水端平考验着父母的智慧，也是协调大宝和二宝之间矛盾的秘密武器。

4. 经常比较两个孩子，这样做好吗

两个孩子在一起，父母不免会有比较。但是否要把内心的比较明朗化，夸奖优秀的，指责较差的，这些都需要斟酌。

孩子们有差距很正常。夸奖和批评也要看孩子的性格特点。对待骄傲的孩子要少夸奖，表扬的同时适当指出不足；对待自卑的孩子要少批评，多找优点。学习成绩、性格特点、生活习惯、待人接物都是父母应关注的，可以同时夸奖两个孩子不同的优点，批评缺点。若孩子属于屡教不改型，则需要调整教育的方式方法。

5. 怎样充分发挥大宝的榜样作用

都说父母是孩子的好榜样。其实，大宝的言行举止可能对二宝更具有示范作用。因为孩子最容易亲近和模仿与自己年龄相似的玩伴。如果您已经精心培育出一个知书达理、品学兼优的大宝，那二宝的教育可能会轻松很多。二宝会在潜移默化中向大宝学习，视大宝为榜样和奋斗的目标。

因此，在生活中要充分发挥大宝的榜样作用，让大宝的优秀品质给二宝作出积极影响。适当地夸奖或解释大宝的正面行为，二宝一般都会积极模仿。当二宝表现不错时，也要及时表扬。

6. 大宝带二宝，父母可以放心吗

随着孩子们一天天的成长，他们的生活有了更多的交集。孩子们年龄差距小，很容易玩到一起去。如果是在安全的环境中，父母可以放心让大宝带着二宝玩，即使孩子们有些争吵，父母也不必过于担心。

但如果是让大宝带着二宝到外面去玩，家长一定要充分确认大宝有足够的能力。孩子毕竟是孩子，缺乏对危险的估计能力，而很多灾难往往是一瞬间的事。时不时会听到一些：几个孩子为救溺水的小伙伴而全部遇难；小伙伴一起玩井盖，不小心掉进去；几个孩子一起出去玩，全部被拐卖了……孩子们在一起玩，容易产生盲从心理，往往一个犯错，个个犯错。要在日常生活中灌输安全知识，提高孩子的防范意识。

只要父母认真观察，就会发现自己越是置身事外，大宝就越有责任感，二宝也会不自觉地跟着大宝学习其身上的亮点。

7. 二宝总想尝试大宝的行为活动，父母该如何对待

二宝尝试大宝的行为，这正是一种善于观察、勇于探索的好品质，只要行为得当，父母都应该鼓励。有一些需要稍微冒险的行为，父母鼓励孩子去尝试，孩子往往不敢。而如果是大宝或大孩子示范，二宝则容易接受，这样也可以锻炼孩子的胆量。

但如果是不太好的行为或尚不适合二宝的行为，父母要及时防范。

8. 孩子们经常闹矛盾，父母应该怎样处理

在日常生活中，我们经常会遇到孩子们为了争一件玩具而弄得面红耳赤，甚至是满脸泪水。

事实上，孩子之间出现纠纷是自然的现象，尤其是 3 岁前，彼此也不记仇。无论是争执还是吵闹，甚至打架，都是成长过程中一段小小的插曲。

理论上讲，孩子之间的纠纷是他们在最初的人际交往中产生矛盾的表现。孩子之间的冲突、纠纷有利于培养孩子的自我意识，有利于孩子逐步学会观察和思考，学习与人交往、适应社会生活的能力，还有利于锻炼孩子的坚强意志。

对于孩子的"战争"，往往父母越参与效果越差，大宝委屈、二宝难过。面对孩子的小纠纷，父母可以放手让他们尽情做自己。如果纠纷比较严重，父母则应做到稳定情绪、分析情况、解决纠纷、鼓励交往。教育者应明辨是非、处理公平、方法灵活、使人信服。只有这样才有利于孩子们的个性健康发展。

9. 两孩争宠该怎么办

当两个孩子都围着爸爸或妈妈，索要拥抱或争着要买东西时，该如何处理？怠慢或忽略哪一个都可能造成孩子的不悦，甚至心理阴影。

无论您偏爱哪个孩子，都不能在孩子面前表现出明显的偏爱。表扬或批评都应该有理有据，即使批评也不能伤及孩子的自尊心。适当的表扬和鼓励可以使孩子在愉悦的同时不断进步。

10. 孩子容易产生嫉妒心理，该怎么引导

当孩子感到父母对弟弟妹妹（哥哥姐姐）更好时，很容易产

生嫉妒心理。父母应该从源头出发，找到导致嫉妒的原因，打消孩子心理上的阴影。

（1）充足、平衡的爱：父母能够给予孩子最有价值的礼物就是"爱"——慷慨和无条件的爱。我们应尽可能多地让孩子感受到我们爱他，对两个孩子都要给予充足的爱。

（2）尽可能多地和孩子在一起：最好的亲子活动是一起读书和一起游戏。还应扩展孩子的视野，丰富他的知识，使他在今后的人生旅程中更有可能选择最适合的发展空间。

（3）倾听孩子的心声：通过听孩子说话来了解他们的感受，这有助于赢得孩子的信任。

11. 怎样教会孩子分享、合作、和睦共处

从孩子的成长和心理需要角度来看，父母应该重视孩子们良好习性的培养。

（1）养成良好的生活习惯：自理能力培养对孩子今后的学习生活、适应社会环境及养成良好的品德都是非常有益的。

（2）积极培养孩子的独立性：适当的依恋能对孩子的心理健康起促进作用，但是，过多的依恋就会影响孩子独立性的发展。

（3）学会分享与包容：家长要注意引导大宝和二宝和谐相处，相互包容和彼此照顾，尤其要注意平衡亲情关系。

二、各有特长

1. 婴幼儿期、学龄前期、学龄期、青春期，不同时期的孩子有何主要特点

孩子在不同年龄阶段有着明显不同的特点。在孩子的培养过程中，父母应根据阶段特点进行适应性的培养，若超过孩子的承

受能力，效果会适得其反！

（1）婴幼儿期（0~3岁）：智力迅速发展，也是个性、品质开始形成的时期。这个阶段，外界的一切对于孩子来说都是陌生的，他们充满好奇，喜欢学习、模仿，对危险的判断能力较差。孩子在语言理解方面会有极快速的发育，父母应尽量引导孩子说话，锻炼他们的语言能力；也可以读些情节简单的故事。给孩子一些可以发展想象、训练发声的玩具。孩子喜欢尝试去做各种事情，父母千万注意不要一味地制止，以免产生消极情绪，无法建立自信心。

（2）学龄前期（3~6岁）：尽量让孩子锻炼自己的事情自己做，如洗手、刷牙、吃饭、收拾玩具等，即使要花相当多的时间，也应该让孩子自己去做。在这一时期，父母必须尽可能地用规范的语言对孩子说话，培养逻辑思维能力。给孩子多买一些图书，由父母念给他听，给他们念诗歌、讲故事。逐渐鼓励孩子自己看书，增强孩子对文字的兴趣，培育孩子的注意力。为孩子提供多种艺术体验，如拼图、画画、泥塑，培养孩子的创造力。同时也要开始锻炼孩子的运动能力，从走坡道、过独木桥、上下楼梯逐渐发展到协调地玩某些体育项目，如打球、轮滑等。

（3）学龄期（7~12岁）：激发孩子对各学科的学习兴趣，培养独立自主、热爱学习的好习惯。孩子们开始小学生活，感到新鲜、好动、喜欢模仿，很难做到专心听讲。要多表扬、肯定孩子，随时注意孩子心态的变化，帮助他们增强自控力。让孩子从被动学习转变为主动学习，锻炼其解决问题的能力，积极参与社会实践活动，建立进取的人生态度，树立信心。

（4）青春期：是少年向成年过渡的阶段，相当于小学后期和整个中学阶段。学生的自主意识逐渐强烈，喜欢用批判的眼光看待其他事物，情绪不稳定。记忆力增强，注意力容易集中，敏锐，特别是抽象思维、逻辑思维能力增强了，自我意识、评价和教育的能力也得到了充分发展，初步形成了个人的性格和人生观。但意志力不坚强，分析问题的能力还在发展中，所以遇到困难和挫折容易灰心。父母和老师都需要密切关注学生的心理变化，使他们在学习知识的同时，发展健康心理。

2. 男孩和女孩各有哪些优、劣势

父母都喜欢把自己的孩子与别家的孩子作比较，然后有些父母就不淡定了。"我家女儿都 1 岁半了，还不怎么会走路""女儿平时在家叽叽喳喳很能说，背唐诗、儿歌样样在行，但一见到外人就什么都不说了""我们家儿子都 2 岁了，还基本不会说话，真是愁死了""她女儿进了世界外国语小学，成绩一直名列前茅。而我儿子整天上课开小差，和同学打打闹闹，还乱拆东西，真没办法"……

近 30 年来，一门全新的科学——性别科学正在崭露头角，对性别如何影响男孩、女孩的问题，包括美国、英国、加拿大、德国在内的 35 个发达国家研究的结果显示，男孩与女孩大脑之间的差别至少有 100 多处。我们挑主要的几个差别列举一下。

（1）女孩大脑中的语言中心发育得更早、更发达。女孩还拥有更多的雌激素和后叶催产素（这些化学物质直接影响语言的使用）。男孩则具有更多的睾丸激素（一种与攻击性行为密切相关的激素）与后叶加压素（与地盘性和等级制度相关）。

（2）男孩血液中的多巴胺含量较多，流经小脑的血量更多。多巴胺可增加冲动和冒险行为的概率。而小脑是控制行为和身体行动的。流经小脑的血流量多，小脑就比较活跃，所以男孩就比较爱动。

（3）男孩的大脑处理血流的总量较女孩少15%，这种结构不利于同时进行多项任务的学习。因此男孩在长时间专注于单一任务时成绩很好，如果非常频繁地变换任务，他们的表现就不佳。

（4）男孩的胼胝体（连接两个半球的纤维素束）与女孩的体积不同。女孩的胼胝体能容许两个大脑半球间进行更多的交叉信息处理，可以同时、同质量地完成多项任务，而男孩同时只能做一件事。

（5）女孩在颞叶中拥有更强大的神经连接，促进了更多复杂的感知记忆的存储，以及更好的听力，所以女孩对声音的语调特别敏感。所以用听课的方法进行学习的时候，男孩就没有女孩的效果好。动手又动脑的学习方式就比较适合男孩。

（6）男孩与女孩大脑中的海马（大脑中的一个记忆存储区）的工作方式也不同。女孩一般比男孩善于记忆。男孩的海马更偏爱序列，在记忆大量序列和层次分类的信息时就非常成功。

（7）女孩在阅读和写作上平均比男孩超前1年至1年半，而这一距离从童年早期开始贯穿整个学习生涯。很多男孩的大脑天生不能很好地适应那些强调阅读、写作、复杂的组词造句的教学方式。

请给孩子们更多的成长空间，理解多一点，宽容多一点，自由多一点，让他们尽情发挥其优势，自由成长。

3. 大宝、二宝的性格会有哪些倾向

美国心理学教授菲利浦·维里认为："家庭里的排行顺序是人格形成的重要因素。"也有专家从进化心理学的角度来解释这一现象，兄弟姐妹为取得父母的关注，他们所进行的竞争和对策是影响成年后性格形成的主要因素。

大宝为人厚道、责任感强，承担家庭事业的责任往往落在大宝身上。大宝一般性格顽强，比较厚道。工作中会更有责任感，做事踏实，容易获得成就。

二宝聪明乖巧：因为他们从小受到哥哥姐姐的调教和训练，在玩的过程中得到了学习。比起同龄人，他们更多的是大孩子的思维，智力开发得比较早。在工作中遇到困难，二宝习惯于求助别人。在婚姻关系中，他们则更以自我为中心，关注对方少一些。

当然，个人在家庭的出生顺序不是决定性格的唯一因素，性别、体质、社会地位等变量都会影响人格的形成。父母应根据每个孩子的优缺点有所侧重地培养。

4. 不同两孩组合各有何特点

当被问及若生两孩，希望是哥俩、姐妹、兄妹、姐弟中哪种组合时，不小比例的育龄家庭会倾向于兄妹组合，认为这样的组合中，哥哥相对比较男子汉，会照顾妹妹，妹妹相对温柔贴心些。

（1）哥俩好：两个男孩兴趣爱好相近，可以做很好的玩伴。但男孩天生的好斗和进攻性可能容易发生相互打斗。

（2）姐妹花：两个女孩的性情、爱好相近，可以互相合作做许多彼此都喜欢的事情。但女孩的嫉妒心也容易引起争风吃醋、打小报告、闹矛盾的现象。

（3）兄妹情：哥哥可能有保护妹妹的欲望，可以给妹妹带来更多安全感。但妹妹的过分依赖，甚至恃宠、以小欺大，也可能造成兄妹不合。

（4）姐弟亲：姐姐容易比较多的扮演小妈妈角色，更多照顾弟弟，姐弟间容易建立亲密的情感。但姐姐若过分束缚弟弟的行为，也可能引起弟弟的反抗。而如果父母重男轻女，则可能让姐姐感觉不公平，不再愿意承担做姐姐的责任。

家中有两孩，无论是哪种组合，父母都不能偏心、过度疼爱某一个孩子，以免两个孩子的性格都受到负面影响。

5. 幼儿期，男孩、女孩好奇对方的身体，如何对待

2~3岁期间，孩子对周围事物的观察能力增强，他们某一天突然发现自己的"某部位"（性器官）与异性小朋友不一样，会很好奇，会有一些奇怪的举动。有的女孩会模仿男孩站着尿尿，或想去碰碰不一样的地方；男孩也会观察、好奇女孩为什么和自己不同。类似这种情况，许多家庭都发生过。

孩子产生"性好奇"是很正常的，这是两三岁孩子显著的心理特点，他们有一种"探究"的本能，对一切新鲜的或特异的事物都感兴趣，想知道这是什么，那是什么，希望弄个一清二楚。

父母应以平常心来对待，千万不要躲躲闪闪或训斥，因为越是这样做，孩子们会越好奇，更想探个究竟。应该告诉孩子，男孩、女孩的身体就是有区别的，也要让孩子意识到，不允许故意去碰别人身体的隐私部位。如果孩子不听劝阻，要想办法把孩子的注意力转移到别的地方去。

6. 男孩和女孩的抚养有哪些主要区别

俗话说："穷养男，富养女。"对男孩和女孩的培养究竟该侧重哪些方面呢？育儿专家给出了以下建议。

（1）教育男宝宝需注意以下几点。

1）应注重能力培养：要培养男宝宝艰苦朴素、吃苦耐劳的作风，还要有仁义孝道的思想。

2）要培养男宝宝独立自主、坚强、乐观、有责任心的特质：如游戏可以激烈些、带点冒险色彩，这样可以培养坚强、乐观的品质。

3）要鼓励男宝宝多动手，以培养创造能力：应该给他广阔的空间、奔跑的场地和集体的氛围。

4）爸爸是男宝宝的榜样：身教重于言传。每位男宝宝的爸爸都应该意识到，自己就是儿子的榜样。

（2）教育女宝宝则应该有所区别。

1）应该"富养"，培养气质：从来富贵多淑女，所以从小就要带女宝宝出入各种场合，开阔视野，增长阅历，从而大大增长见识。

2）要培养女宝宝温柔、健康、懂得爱：要让她见识多广、独立、有主见、明智。父母要根据女宝宝的行为优势，有针对性地制定一些具体的教养方法，从锻炼宝宝的肢体协调能力、感觉统合能力、专注力和气质等方面入手，提升多种优势，培养一个优雅、聪慧、大方的宝宝。

3）要注意和女宝宝的沟通：沟通和交流是她们维持联系的方式，渴望关爱和友谊等亲密情感是她们的天性。所以，女宝宝生来就是社交家，通过交流获得关心、理解、尊重、忠诚、体贴和安慰。

4）妈妈是女宝宝的良师益友：俗话说"女儿是妈妈的贴心小棉袄"，意思是说女宝宝温柔体贴，能与妈妈心灵相通。生个女儿是妈妈的福气，把她培养成什么样，却是妈妈的责任哦。

7. 入园前需要重视孩子的阅读能力吗

阅读可以培养孩子的学习习惯，锻炼孩子的注意力，还可以增加孩子的知识面，提高他们的理解能力，为将来学习各种知识都奠定基础。

对于不同年龄阶段的宝宝来说，适合阅读的书籍也不同。1岁左右的宝宝因为眼睛还没有完全发育好，可以看些有颜色的卡片，粗线条的图案或画面有助于吸引他们的注意力，并且促进眼部肌肉的发育，但每次时间不要太长。1~2岁的宝宝可以挑选撕不坏的小开本书、小布书，内容主要是以认知类的为主，选一些颜色鲜艳、图片较大、字比较少的书。父母可以选择一些朗朗上口的故事读给宝贝听，或者通过表演式的讲故事，通过夸张的声音和表情及和宝宝问答等，让宝宝感到读书就是游戏，体会其中的快乐。重复是儿童学习语言的方式。2~3岁宝宝的词汇量增多，也会有自己的读书偏好，选择有图片的故事书便于孩子理解故事的内容。读书的时候要依靠画面帮助记忆，这有利于发展他们的想象力。另外，也可以选一些游戏类的书，让孩子动脑又动手，可以提高看书的兴趣。

8. 如何挖掘孩子们的优点，扬长避短

　　每个孩子都是独一无二的。有的孩子喜文，爱学习，作业总能自觉按时完成，在老师、父母眼里是好学生。有的孩子喜武，各种运动样样在行，体育竞技比赛总能获奖。无论哪种类型的孩子都是优秀的，要尊重每个孩子，因材施教。爸妈平时要通过生活点滴观察孩子的天性，顺应他的天性去培养。

　　与之相应的是，任何教养方式都没有标准答案，不能照搬照抄，否则会变得很机械。有些爸妈发现对大宝采用民主的教育方式不管用，就对二宝采取专制，很容易矫枉过正。

9. 大宝、二宝性格差异大，如何协调

　　虽然遗传和环境因素相同，但大宝和二宝的性格也可能有天壤之别。一个爱热热闹闹，一个爱清清静静；一个争强好胜，一个万事求稳；一个和谁都自然熟，一个能不开口就不开口……

　　如果性格特点并非过度极端，父母完全没必要干预。每个孩子都是特别的，没必要把他们培养成一样的。但孩子在幼小的年

龄阶段往往以自我为中心，若两个孩子因性格差异较大而发生矛盾，父母需要适当引导，但不能过度责备。

10. 如何合理发展两个孩子的兴趣爱好

现代社会，竞争日益激烈，一些父母为了使自己的孩子不输在起跑线上，将来能"成龙成凤"，在安排孩子的学习内容时常常盲目跟风，甚至有较强的功利心。学舞蹈、钢琴、绘画、外语、书法……投入了大量的精力与财力，却没有真正考虑孩子的实际兴趣和爱好。兴趣是孩子获取知识的最大动力。兴趣可使孩子的智能得到最大限度、最持久的发挥。当孩子做自己感兴趣的事情时，往往能够全力以赴；相反，如果父母要求孩子放弃他极感兴趣的事情，做一些不喜欢做的事情，孩子必然与父母发生冲突，难以有所成就。

作为父母，应尽可能地为孩子创造机会和条件，鼓励他们参加各种有益的社会活动和集体活动，让他们广泛接触社会，全面了解生活，以此培养孩子广泛的兴趣与爱好。父母应仔细观察孩子的习惯，多与孩子沟通，让孩子无忧无虑地在自己喜爱的天地里畅游。这样会激发孩子的最大潜能，从而在某一领域取得突出成就，也会使孩子的人生变得丰富多彩。

如果孩子因为沉浸在某项兴趣爱好中影响了正常的生活、学习，父母应该给予一定的干预，教会孩子正确对待两者之间的关系，合理安排时间。

11. 怎样看待两个孩子之间的差别

虽然两个孩子都是同样的爸爸妈妈生的，但基因自然选择，且孕育阶段外界环境和条件也发生很多变化，因此，无论是容貌、体质、喜好、能力，两个孩子的差别都可能很大，父母一定要因材施教。对能力弱的孩子不能抱怨，应多鼓励，积极挖掘其优点，扬长避短。长得不漂亮的可能性格很好，善良又孝顺。学习差的可能社会活动能力很强，情商高、朋友多。每个孩子都有其闪光点，父母的责任就是尽量让孩子们发挥长处，大放异彩。

三、健康成长

1. 孩子几岁和父母分房睡比较合适

太早分房睡会让孩子缺乏安全感。不到3周岁的孩子完全没有独立生存的能力，没有父母陪伴是一件十分可怕的事情。如果孩子不愿意分房而哭闹，会影响孩子进入深睡眠，进而导致生长激素分泌不旺盛，影响身高。孩子长大后可能会缺乏自信和安全感，出现疑心重等问题。因此，一般3岁前不建议分房睡。

太晚分房睡也会带来危害。因为4~6岁是性萌芽期，细心的父母会发现这个时期孩子开始意识到男女之间的性差异，仍不分房则容易导致性早熟。如果6岁之后分房，很可能会让孩子具有恋父或者恋母情结。而且分房睡比较晚的孩子，对母亲的依赖性大，自己很难独立，自理能力较差。

因此，在孩子3岁左右时，已经历了断奶、大小便训练等，开始能够区分自己和外部，产生独立性和控制感，这时候就可以考虑让孩子慢慢从分床过渡到分房睡了。分房睡要循序渐进，不宜操之过急，不能用锁门来强迫孩子，相反如果告诉孩子不锁门，反而让孩子心理上觉得更安全，更有保障一些。尽量营造一个轻松的氛围，如可以给他讲讲故事，或者听些舒缓的音乐，等孩子睡下了，父母再离开。

2. 大宝的衣服留给二宝穿，他们会有什么反应

家中有两个孩子，孩子各方面的开销几乎翻倍了。而孩子长得快，新衣服往往穿不了几次，还没旧就小了。如果两个都是男孩或都是女孩，大宝的衣服留给二宝穿，从经济学角度考虑，这是个很节能环保的做法。这在过去物资匮乏的年代再正常不过了。可是，娇生惯养的新一代的孩子们，他们会有什么想法？

婴儿期的孩子皮肤很娇嫩，旧衣服只要质量好，一般不会变形起球，相对新衣服可能更软更舒适。一旦孩子大了，有审美意识，当二宝知道自己总穿大宝的衣服，而大宝总穿新衣服，内心可能会怀疑父母是不是偏心，自己是不是多余的、不受重视。因此，父母尽量少在孩子们面前强调旧衣服的事，并劝导孩子不要过度浪费，物尽其用。

另外，有些大宝独占心理特别强，他们不愿看见自己的物品被别人占用，看见二宝穿自己的衣服会哭闹，不让穿。这样的情况下，父母不妨乘机适当引导孩子们学会分享。

3. 孩子们的个人用品可以共享吗

有些家长，尤其是老年人认为，孩子们都是很干净的，两个孩子共用一套个人用品，如毛巾、牙刷、水杯等，既经济环保又方便。

然而细菌、病毒、寄生虫往往肉眼不可见，即使看似很干净，也可能隐患重重。牙刷刷毛容易沾染细菌，美国疾控中心强烈建议人们不要共用牙刷。和他人同喝一瓶饮料，细菌、病菌很容易通过唾液接触传播，导致感染咽炎、流感、流行性腮腺炎，甚至脑膜炎。头部接触枕头、床单及沙发垫等会沾染细菌、螨虫，一旦共用帽子、梳子，容易互相感染。在剪指甲时，如果不慎弄破

皮，指甲刀又未能进行消毒处理，就可能造成细菌、真菌、病毒在不同使用者之间传染。此外，通过血液传染的病菌，如丙肝病毒、金黄色葡萄球菌等，也有通过指甲刀交叉感染的风险。

为避免疾病的传播，个人用品还是分开使用比较好。

4. 一个孩子生病了，另一个也会生同一种病吗

孩子们是否有可能得同一种疾病，关键看病因。根据病因的不同，疾病可分为传染性疾病和非传染性疾病。

传染性疾病是因病原体具有繁殖能力，可在人群中通过特定的途径传播而致病，而儿童体质相对较弱，更容易被传染。若有一个孩子得了传染性疾病，无论是空气、食品、共用物品、共同接触的物体都可能成为传播某种病原体的载体，一定要做好家庭成员，尤其是年幼孩子的防护工作。

非传染性疾病包括很多，如遗传病、免疫源性疾病、代谢病、营养病等。若为遗传病，则要看两个孩子是否都携带该病的遗传基因。孩子患其他疾病，若是因为不良生活习惯、饮食习惯等导致的，父母要尽早行动，营造和谐的家庭氛围，让孩子养成良好的行为习惯。世界卫生组织指出，是否健康60%取决于个人的行为习惯。

5. 孩子们互相模仿坏习惯怎么办

处于成长过程中的孩子总会表现出一些不恰当的行为。例如，攻击性行为、假装听不见其他人说话、无视规则等。而孩子的模仿能力很强，兄弟姐妹间互相影响，学坏是很容易的。如果父母听之任之，一旦这些不良行为习惯成自然，它们必将成为孩子成长的羁绊，正所谓"千里之堤，毁于蚁穴"。家长们应防患于未然，

寻求迅速制止的办法。

一般而言，二宝容易受到大宝的影响，无论是正面的还是负面的。而且，大宝年龄较大，比较容易理解道理，辨别是非。假如两个孩子都一直重复出现某种不良行为，可以从大宝着手，解释清楚为什么这个行为是错误的，并让大宝适当地引导二宝改正错误行为。要冷静地与孩子沟通，在对孩子的疼爱中规范孩子的行为，而不是在愤怒中斥责孩子。

在教育孩子的过程中，务必做到公平，并为他们的努力而感到自豪。改变对于每个人来说都是非常困难的，尤其对于孩子而言。要适时肯定、赞赏孩子付出的努力，表扬他们的每次进步。

6. 孩子们的作息时间不同，该如何安排

孩子处于不同的年龄阶段，生活的重心完全不一样。婴幼儿期的孩子可能还只知道吃吃、玩玩；学龄前期开始玩中学；学龄期以学习为中心；青少年期学业更加重要，学习压力不断加大。两个孩子相差几岁，有可能作息时间完全不同。一定要给上学的孩子准备独立且不易受干扰的空间，保证学习效率，及时完成作业，并有精力拓展一些兴趣爱好。婴幼儿、学龄前儿童虽然以玩为主，也要调整好生活规律，保证充足的睡眠。

朱虔兮
上海市计划生育科学研究所
陈金霞
上海天佑医院

第九章　家长之道

　　对于父母来说，大宝出生时的喜悦仿佛昨天一样历历在目。二宝的到来又给父母带来另一番幸福滋味。虽然政策已经放开了，但生了之后怎么养好，这其中的事儿还真不少。当父母究竟意味着什么？家有两宝，爸爸妈妈要怎么做才能让两个宝宝相亲相爱呢？这些问题，您考虑过吗？亲爱的朋友，且听专家为您一一道来。

一、父母责任

1. 是不是生了孩子自然就会做父母，不需要学习

当孩子呱呱坠地，"父母"这个神圣的身份也正式开始。不少人认为生儿育女天生就会，不需要学习。研究显示，一些年轻夫妻，尤其是一些独生子女夫妻，虽然他们愿意为孩子的到来而作出改变，但不免存在浪漫化的倾向，对养育孩子的付出估计不足，对孕期的不适与不便、照料婴儿所需要付出的精力等没有做好充分的心理准备。

做父母要不断学习，没有人天生就会做父母。有准备的父母给孩子带来的裨益是无法比拟的。做父母不仅需要做好经济、物质准备，还要了解大量的育儿知识，掌握大量操作技能，而更重要的是，父母们需要在心理上做好充分的准备。虽然生育二宝时，有大宝的经验可作参考，但两个孩子会带来不同的新问题。茫然的父母除了从生活中得到的经验外，也可以从杂志、网络或亲戚朋友那里了解一些间接经验来养育孩子，树立为人父母的信心。两孩家庭的父母还要学习平衡之术，来应对两孩时代即将面对的种种问题。

2. 父母需要怎样的自我成长

随着孩子成长，父母的角色也会随之发生变化。孩子幼小时，做父母的更多是喂养、保护；而当孩子逐渐长大，为他们今后的自立和走向社会做好准备是父母应当考虑的。做到这一点，父母要经历自我否定、不断学习和自我完善的自我成长历程。

要做父母，首先要明白，这世上既没有完美的孩子，也没有完美的父母。不少人期待自己做完美的父母，现实却是，越是持

这种想法的父母，养育子女时就越容易出问题。接纳自己的不完美是父母自我成长的起点。父母能够有勇气去正视并接纳自己的不完美，才可能真正去理解每个人都有所局限，而不再苛求孩子完美，从而对孩子成长过程中的多样性多一些理解和淡定。

在自我接纳的基础上，父母要努力自我完善。父母和孩子走在各自的路上，在认识自我、完善自我的过程中实现自我。为了把孩子培养成有目标、有担当、独立性强、对自己负责的人，父母需要知道自己和孩子要的是什么，知道自己和孩子正置身何处，要往哪里去，知道在正确的时间做正确的事，并且需要学习通过何种方式和途径达到这样的目标。育己即是育儿，自我完善其实就是父母的自我学习和自我成长。

3. 父母应当给予孩子什么

父母应该帮助孩子成长而不是替代孩子成长。

对于年幼的孩子来说，父母就是整个世界。从父母这里，孩子不仅需要得到物质上的享受，最需要的是健康、乐趣和安全感。孩子需要感受到爱和学习怎样去爱，需要被陪伴、被聆听、被了解。待孩子逐渐长大，孩子需要得到父母的关心与鼓励，以助其独立自主并取得成就。

父母需要学会发现孩子成长的规律，为孩子的成长准备好环境和条件，给孩子以科学的抚育、健康的体魄；培养孩子的自信心，鼓励其独立，给孩子热爱生活的态度和适应生活的能力；注意孩子的情绪发展，培养孩子良好的情绪自控能力，使孩子保持愉快的情绪状态；促进孩子的心理发展，造就孩子清晰的自我意识，培养孩子积极健全的人格；培养孩子的兴趣和做事的动机，锻炼孩子的学习方法和解决问题的能力。父母要镇定、愉快，有幽默感，保持平和放松的心态，爱孩子，与孩子分享快乐；不溺爱，滋养孩子自尊自爱的意识，培养孩子的责任心和独立自强的精神，让孩子成长为独立的人。

二、平衡之术

1. 二宝诞生，如何使大宝、二宝和谐相处

家里添丁是让整个家庭快乐的事情，而两个孩子相处难免有磕磕碰碰、争风吃醋的时候。大宝可能觉得家里多了一个弟弟妹妹后，爸爸妈妈、爷爷奶奶就把注意力都集中在弟弟妹妹身上了，以前集万千宠爱为一身的大宝，需要接受一个巨大的感情落差。所以，大宝很容易在心里讨厌这个来和他争宠的"坏二宝"。只要父母能处理好两宝之间的关系，随着时间的推移，大宝终会顺利接纳二宝的。要使大宝二宝和谐相处，父母要做到：

（1）两宝发生争执时，护大不护小。

（2）家庭教育需要公平、公正。

（3）二宝降临，不能改变大宝的生活规律。

（4）让大宝参与照顾二宝。

2. 如何在养育过程中，让大宝觉得不受冷落和忽视

家里有了二宝，对于大宝来说，需要一个适应和接受的过程。作为父母，千万不要认为大宝应该理所应当地接受二宝。作为父母，平时一定要和孩子多交流，父母应该是孩子最亲、最值得信赖的人，也应该是孩子最忠实的交流对象。例如，当大宝闷闷不乐时，父母应当在第一时间注意到，要耐心引导大宝说出他的心事，采取合理的办法缓解大宝心中的不快。孩子把心事讲了出来，也缓解了心中的压力。

此外，父母在家一定要对大宝一些积极的行为给予鼓励，让

孩子意识到他仍然拥有父母的关爱；父母除了照顾二宝外，还应当多给大宝拥抱，抽空多陪伴大宝，如果实在顾不上，也可以多跟大宝说些"（爸爸）妈妈爱你""弟弟妹妹还小，爸爸妈妈要对他多些照顾，但对你的爱不会变"之类的话，让大宝确认父母的爱。

最后，父母还应该给大宝适应的时间。二宝出生后，不能期待大宝在很短的时间就能接受弟弟或者妹妹，父母一定要格外重视孩子的情绪问题，保证两个孩子都生活在幸福快乐之中。

3. 当大宝出现反常情绪时，父母应该如何与之沟通和宽慰

不同年龄阶段的大宝有着不同的特征，所以与大宝沟通时，需要不同的策略。

（1）和2岁以内的大宝沟通。一般来说，和2岁以内的大宝沟通不用花费很多心思。处在这个年纪的宝宝，他们的认知能力有限，妈妈只需像讲故事一样，告诉他，肚子里住着一个二宝宝即可，基本上这个年纪的大宝都能欣然接受。

（2）和2~3岁的大宝沟通。通常情况下，2~3岁的孩子的初步认知能力已经形成，所以如何和这个年龄阶段的孩子沟通生二宝这件事情，父母需要有一定的技巧。首先，要潜移默化地沟通。不必直接告诉大宝这件事情，而是找一些关于二宝宝、哥哥姐姐的绘本和故事书读给大宝听，让他首先对哥哥姐姐形成具体概念，然后慢慢告诉他，他也会当上哥哥姐姐。其次，2~3岁的大宝已经习惯于父母对他独宠的日子，突然来了一个更小的宝宝，分走了原本属于自己的关爱，内心产生不满情绪，这是完全可以理解的，父母除了给予大宝更多的关爱以外，还要多鼓励、赞美，并赋予大宝新的角色，树立大宝的权威。这个年纪的大宝通常喜欢玩角色扮演的游戏，这样可以帮助他摆脱失落的情绪，并乐于进入做哥哥姐姐的角色中去。

（3）和4岁以上的大宝沟通。这个年纪的大宝通常开始慢慢懂事。有的大宝因为太过于"懂事"，会因为妈妈要生二宝的事情而闷闷不乐。因此，聪明的父母应当善于发现大宝的情绪变化，还可以适当地对他多一些"偏爱"，让大宝觉得，父母的关注点并没有转移，自己还是父母手心的宝。此外，还应当在日常生活中引导大宝参与照顾二宝，并且肯定大宝的行为，多鼓励，让他觉得自己长大了，对自己的行为骄傲。长此以往，大宝会觉得妈妈虽然照顾二宝很忙碌，但是依旧很关心自己。

4. 如何培养孩子们的手足之情

两孩时代，父母都想给孩子有个伴儿。最近很火的一句话是"给孩子金山银山，不如给他一份手足之情"。手足之情是孩子们从小密切接触而逐渐建立起来的。独生子女由于成长环境的关系，从小养成自我、自大的个性，要让他突然接受一个弟弟妹妹，还要主动建立起密切的关系，是不太现实的。

在手足之情的培养上，父母的作用毋庸置疑。父母在准备要二宝之前，就要重视疏导大宝的思想和态度。二宝出生后，要引导孩子们接受对方，理解双方的不同点，欣赏对方的优点，培养两个孩子一起玩，一起享受生活乐趣，教给两个孩子怎样合作与分享。有了父母这样的铺垫，两个孩子的感情会在相处过程中越来越好，也越来越会包容对方，愿意因为对方而做出一定的放弃与牺牲，逐渐建立起密不可分的手足之情。

另外，还有很重要的一点，不要让父母的"性别情结"影响孩子。生二宝的理由，一般来说，老大是儿子的，多数想再生个女儿；老大是女儿的，则希望再生个儿子。这一点意味着父母对第二个孩子的性别是有期待的，甚至有些父母还带有传统的"重男轻女、养儿防老"的观念。孩子刚刚来到世上，就得承受这些偏见，会使得孩子认为自己是多余的，因此导致孩子自卑，缺乏自信。这一点非常不利于孩子间的友好相处，是和谐手足之情的阻碍因素。

5. 如何尽可能地预防两孩冲突

家有两孩的父母往往都会遇到这样的情况，那就是两个孩子经常会为了一点小事闹得不可开交、互不相让。孩子们生活在一起，出现矛盾和纠纷是在所难免的，这个时候，父母如何处理才能减少两个孩子间的矛盾与冲突，让两个孩子之间做到互相关爱、互相帮助、互相体谅、互相谦让呢？

及早处理矛盾的萌芽。在矛盾尚未上升之前，父母就可以介入、沟通，劝导孩子尝试用不同的方式解决矛盾。可以问问孩子们发生了什么事，每个人要的是什么，哪个环节出了问题，怎样做可较好地顾及两个人的需求。

另外，还要告诉孩子们"不伤害"的原则。要让孩子明白，就算在不愉快时，有些危险行为是绝对禁止的。还要教给孩子自我保护的方法，培养孩子一定的安全意识，尽量不要伤害别人，也不要伤害自己，预防意外伤害事件的发生。

6. 如何处理大宝、二宝的纠纷

所有行为背后都有一个动机。孩子们打闹，父母应当尽量弄清楚孩子这样做背后的原因是什么。有时，一个孩子大声吵闹只是为了引起对方的注意，希望对方和自己玩；有时他们争的只是希望家长能多给自己一点关注；有时孩子们只是累了或感到无聊，这时情绪也特别容易失控……家长应作有心人，根据引起孩子争斗的不同原因，对症下药，平息纠纷。

当两个孩子发生冲突时，父母还要注意不要有过激的反应。

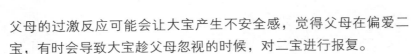

父母的过激反应可能会让大宝产生不安全感，觉得父母在偏爱二宝，有时会导致大宝趁父母忽视的时候，对二宝进行报复。

父母可以温和而坚定地告诉孩子停止打闹，可以对听劝并及时停止吵闹的孩子给予适当的表扬。如果孩子不听话而继续打闹，可以把两个孩子暂时分开，给他们一个安全的地方冷静下来。

父母可以借此机会让孩子自己学会处理矛盾。两个孩子相处，有时打打闹闹适可而止的话，父母倒不用过于紧张，这是他们自己在学习如何相处。除了做好一些必要的防范措施以外，父母还要了解孩子们的心理状态，分析他们发生纠纷的常见原因。若父母引导得宜，两个孩子吵架，甚至打架的情况会大大减少。

7. 如何学会"笼络"每个孩子的心

有两孩的家庭，难免会出现争宠的现象，因为每个孩子都希望在父母心中是最好的、最重要的。因此，父母在平日养育中，不妨花一些小心思，学会"笼络"每个孩子的心。那么该如何做呢？

（1）在孩子无助时及时给予关心。父母要在平日生活中学会察言观色，当孩子遇到生活、学习上的难题时，要鼓励孩子将心中的不满讲给自己听，和孩子一起分析问题，帮助孩子排解内心的苦闷和委屈；当孩子生病时，应该加倍呵护、关心，让他们感受到温暖。

（2）做充满正能量的父母。充满正能量的人总能善于欣赏别人的优点，包容他人的不足。父母的言传身教会影响孩子，也能成为孩子正面的榜样，赢得孩子的心。

（3）做善于赞美的父母。作为父母，要善于发现每个孩子身上的闪光点，每个孩子都是独特的个体，不要轻易地否定、打击孩子，多表扬、肯定孩子，少说负面、否定的语言。这样孩子就会和父母很亲近，无论是谁，总是喜欢听到别人的赞美和鼓励，更何况是最亲的人。

8. 如何在养育中"放下比较"

很多家庭在生了二宝之后，往往会不自觉地将两个孩子进行比较，如谁更早会说话；谁的脾气更好；谁学东西更快等。没有哪个人是完美的，作为父母，如果经常只看到孩子的短处，并拿他的短处和另一个孩子的长处去相比，孩子会受到父母焦虑情绪的影响，久而久之，甚至会认为自己不如别人，产生自卑的心理，这对他的心理成长极其不利。

实际上，我们要看到每个孩子都有自己的长处和闪光点，而他身上的一些"缺点"，也许正是他今后的"优点"，如大宝很调皮，也许今后他学东西会很快；二宝性子慢，憨憨的，也许长大后更贴心、更懂事。因此，千万不要因为一些小事而否定孩子，更不要将两个孩子经常性地比较，而应该善于发现他们的差异和特长，鼓励他们扬长避短。这才是养育过程中正确的做法。要知道，好孩子是夸出来，不是比出来的。

9. 如何做到恰如其分地表扬孩子

每个人都喜欢被表扬，因为每个人都喜欢得到肯定，尤其是孩子，更是如此。那么如何在养育过程中，恰如其分地表扬孩子，才能得到好的效果呢？

（1）着重赞赏孩子的努力。例如，当其他小朋友还在费劲儿做事，而你的孩子已经完成的时候，夸奖他是理所应当的。但更值得赞赏的是他所作出的努力，而不是对他说："你真聪明"或者"你得到的小红花最多了"。恰当的表扬方式是告诉他："你确实非常努力，所以你很快就学会了。"要看中孩子在学习过程中的付出和努力，而不是仅仅因为一个结果去表扬他。

（2）"不好"也要表扬。有的父母会说，孩子做得不好，不批评都不错了，怎么还能表扬呢？这是一个时机的问题，如果孩子犯了一定的但并非原则性的错误，父母不要不分青红皂白地批评。要知道，没有哪一个孩子生来就是坏孩子，如果你认为他"变坏"了，那么只有一个原因，就是他内心有些失衡，通过"变坏"来引起父母的注意。所以，就算孩子表现得"不好"，也要抓住机会鼓励他、肯定他，帮助他由"不好"变成"好"。

10. 如何让两个孩子在相处过程中学会分享

在独生子女家庭，父母和长辈都会抢着把最好的东西给孩子，因此，分享这个词对他来说比较陌生，也很难学会分享。如今，两孩家庭中突然多了一个弟弟或妹妹，而且要和他一起来分享原本属于大宝一个人的东西，这对于大宝来说是很难接受的。作为父母，在面临这样的情况时，讲许多大道理没有任何作用，需要用行动证明，分享是很快乐的事。

（1）父母要注意言传身教，做个好榜样。在家庭生活中，父母要善于抓住机会为孩子们做好带头示范作用，如当父母遇到开心的事情，以分享的姿态说给孩子听；当孩子在玩游戏的时候，可以尝试着走过去说："我可以和你一起玩吗？我也很想玩。"等孩子体验到了分享的乐趣时，自然就会想要模仿父母的这些行为，当孩子做出分享的行为时，一定要多加鼓励和赞美，这样能够在整个家庭中形成分享的氛围，孩子就会慢慢习惯并且学会分享。

（2）多一些肯定的语言，强化分享后的快乐。在日常游戏中，假如大宝正在玩一件玩具，二宝也想加入进来，但是大宝却看起来有些不情不愿，父母看到这种情况要不失时机地进行引导，可以和大宝这么说："和弟弟妹妹一起玩是不是更有意思啊？"除了用语言，还要加上肯定的表情、眼神、竖起大拇指等肢体动作来表达对孩子进行分享的肯定，强化分享行为的快乐。这样大宝就会愿意和弟弟妹妹分享，两个孩子相处更为和睦。

11. 如何给两个孩子平等的爱与尊重

对于两孩家庭，父母需要把握好一个关键原则：用平等的爱与尊重来对待每个孩子。这一点非常重要。不管什么性别，不管是什么样的年龄差距，一定要给每个孩子平等的爱与关注。

有时父母不免出现偏心，要尽量提醒自己公平处理。二宝比较小，需要更多照顾，应特别注意疏导大宝的心理，不能因为家里二宝出生了，大宝就要围着二宝转。这就会让大宝觉得自己不是家里的主角，应该要让大宝觉得自己是家里的重要一员。

组织家庭活动要注意兼顾每个孩子的兴趣，要让每个孩子都乐在其中。孩子们有共同的快乐体验和共同的温馨回忆也有助于他们感受到平等的爱与尊重。

父母可以有意识地尽可能地为每个孩子设置与爸爸或妈妈的独处时间。专属于每个孩子的独处时间尽管不一定很长，有时甚至只有几分钟，但在这几分钟里，爸妈要一心一意地陪伴这个孩子，亲昵体贴，认真倾听，关心他的任何感受与细小问题，让每个孩子感受到爱意与自己的重要性，这样还能促进他换位思考，学会替爸妈着想。

12. 如何对两个孩子进行差异化教养

有的父母在养育两个孩子时力求均等，他们认为凡事做到均等化才对每个孩子公平。实际上，这是陷入了"均等"的误区。所谓的公平，并非是绝对的均等。有的父母为了平衡，凡事追求绝对的均等，但却发现再努力仍会有孩子不满意，认为自己没有得到公平对待。

孩子的性格特征、年龄阶段、兴趣爱好、处理问题的方式都会有所差异。而父母应根据孩子的年龄和性格，根据各自能力、喜好和接受程度，耐心细致地根据每个孩子的特点给予贴心的照顾，而不是事事追求绝对的平等。这样，每个孩子都会感受到贴心的爱。

父母还应注意让两个孩子学会关注家人需求，学会担当与责任。例如，如果家里所有的人都关注、照顾二宝，或者大宝对他也照顾得很好，二宝有可能对家里的很多事情关心，如家务事。当二宝能做事的时候，一定让他参与，这样既能学会承担责任，还能理解爸妈的用心，培养孩子从容、淡定、体贴别人，预防孩子遇事永远感觉"不公平"的心态。

所以，父母在养育两孩的过程中，不必事事追求均等，不如让孩子们学会相亲相爱、学会关爱身边的人，家庭才会更和睦幸福。

三、亲子和睦

1. 怎样通过商量的方式解决家庭问题

"真正幸福的家庭不是不出问题的家庭，而是善于解决问题的家庭"。家庭出现问题常常是沟通出现了问题。家庭成员间要互相尊重，如父母要尊重孩子，在非原则问题上给孩子更多的自主空间，才能更有效地与孩子交流沟通，更有效地解决家庭问题。

父母要试着站在孩子的角度和高度来看问题，不要用自己的感受、体验和判断来衡量和要求孩子。不妨考虑用家庭会议的形式来形成家庭决策，解决家庭问题。家庭会议可给予每位家庭成员提出问题的权利和倾听的义务，在共同讨论、形成答案的过程中，形成良性沟通的家庭事务协商机制。

通过沟通商量，不仅可使家庭问题得到解决，还可促进和培养孩子的独立思考能力和合作精神。对孩子来说，父母遇事和他们商量或让他们参加家庭会议是有诱惑力的。他们会觉得新鲜、有趣，并因能与父母"平起平坐"讨论家庭大事而充满自豪。在家庭事务的解决过程中，孩子们看到的是父母在任何事情上都给予的坦诚、理解、平等的态度和相互尊重、充分协商、互相合作的精神，得到的是父母充分鼓励与关注，当他们走进学校、社会时，也必然会以友善、坦诚、平等和尊重的态度来对待别人，必然会赢得别人的接纳和称赞。

2. 孩子成长过程中，爸爸的作用是什么

大量研究表明，父亲在孩子的成长过程中起着重要作用。父亲对孩子的作用，不仅仅在于为孩子和家庭获取更好的物质条件上。

基于男性天然的性别优势，爸爸可以从两个方面更好地参与孩子的养育。第一，陪玩者。爸爸在与孩子的游戏互动中更富有创造性，鼓励冒险与想象，有利于激发孩子们积极的情绪，促进他们智力发育与社会性成熟。第二，立规者。孩子们的行为规范及两孩冲突的解决准则都可以由父亲与孩子们协商后制定，并且不折不扣地贯彻、执行。第三，指导者。父亲有提高孩子分析问题和解决问题的能力，孩子在社会交往和情感方面的发展也会更好。

其实，爸爸积极参与养育不仅有益于孩子一生的幸福和健康。另外，参与育儿对爸爸自己也是有好处的。花时间、精力照顾孩子的爸爸更会表达自己的情感，使爸爸对家庭生活充满同理心和责任感；与孩子的积极互动使爸爸能够享受到与孩子间更亲密的

关系；爸爸参与照顾孩子还可以帮助妈妈避免过多地把精力放在孩子身上而忽视丈夫，可以使夫妻关系更加和谐。

3. 妈妈如何动员爸爸参与育儿

事实上，父母双方在孩子成长方面的作用同样重要。但一般观点认为父亲和母亲在成长中扮演的角色不同。一般是慈母严父，妈妈给孩子温暖和爱，爸爸给孩子规则和责任。

生活中不乏这样的例子：粗心的爸爸因为犯了"错"，不是因为和孩子玩得太疯而把衣服弄湿，就是因为太过大意而让孩子摔了一跤，而一次次被妈妈"黄牌"警告，甚至"红牌"罚下。爸爸们常常认为自己太"笨"，天生不会带孩子，而妈妈们则因为肩上的责任越来越重而不堪重负。

妈妈们要明白，爸爸们并非不能像妈妈一样照料孩子，也没有证据表明爸爸的照料会比妈妈差。妈妈们要学会放手，适当地"懒"一点，少一点唠叨，少一点指手画脚，少一点追求完美；赞赏爸爸为养育孩子做出的努力，欣赏，甚至参与爸爸和孩子们创意无限但可能又脏又乱的互动方式，带领和鼓励爸爸和孩子们一起收拾自己造成的"一团糟"现场。这样，不仅孩子们能得到更为全面的爱与成长，夫妻关系也会更加融洽和谐。如此，父亲的爱和母亲的爱相结合，孩子才能拥有完整的爱，拥有一个健康的成长环境，从而健康成长。

4. 父母对孩子的教育方式不一致，怎么办

父母间不同的观点应私下讨论，然后得出一个明确的结果告诉孩子，这是最理想的状态。事实上，父母双方通常很难从心底达到这样的一致，他们表面上在孩子面前保持一致，但是孩子能

够觉察到在妈妈或爸爸那里还有不一致的空间。

其实最好的办法就是忠实于自己的想法与观点，态度上完全支持对事件感受最强烈的一方。这件事对谁更重要，谁对这件事负责，这件事对谁影响更大，这件事就完全交给那方去处理。每个人可以提出自己的观点，但是要支持家人的选择，其关键在于支持，而不是统一。

孩子看到父母间有分歧是很正常的，只要不是一方总是妥协于另一方就可以了。不要在孩子面前指责对方。彼此尊重、平等地去沟通、解决问题对于孩子来说更重要。形势比较紧张时，可以先让自己冷静一下。或者先尝试对方的方案，如果行不通，再尝试另一种方案。

5. 如何让两个孩子在游戏过程中学会合作

玩耍是孩子的天性，是孩子们认识和接触世界的重要途径。在需要合作的游戏过程中，孩子可以逐步学会社交、分享、合作、协商，有利于培养孩子的自信心，对日后心理培养具有重要的意义。

家有两个孩子，玩耍的内容要比一个孩子在家时丰富多了，有的游戏需要两个孩子分工合作才能确保游戏的顺利进行，如过家家、跳长绳、丢沙包等游戏都可以培养孩子之间的合作精神。合作是一种比较高级的社会性能力，宝宝在降生后的第一年里并不具备，随着年龄的增长，宝宝的合作性会经历从无到有的一系列连续发展的过程。爸爸妈妈应该创造机会和条件引导孩子之间或孩子与他人的合作。

尽管有时在大人的眼中，孩子之间玩的游戏很幼稚，但他们可以在玩耍的过程中获得想象力。在游戏中，孩子们肯定会遇到各种各样的问题，若要解决这些问题，必须不断地进行合作，而家有两孩的，当他们通过合作一起解决了属于他们自己的"问题"，心中会产生一种愉悦感。爸爸妈妈如果以身作则，在日常生活中相互关心、懂得分享、善于合作，可以为孩子们树立良好的榜样，两个孩子在耳濡目染中也会慢慢习得并模仿，如懂得怎样分享玩具；怎样邀请别的宝宝和自己一起玩。这对将来奠定良好的人际交往基础有着重要的作用。孩子们不仅懂得了和父母合作，还会懂得和其他的小朋友合作，这将是他今后步入社会的基础。

6. 怎样陪孩子玩

父母陪伴孩子的方式多种多样，如一起吃饭、倾听、阅读、在一起玩乐消磨时光及对孩子的活动或行为提供支持、鼓励等。为了更好地陪伴孩子们，父母应该多参与孩子的成长与活动。为孩子提供游戏的机会，为孩子们提供玩乐空间，和他们一起玩，并尽量保证孩子们从玩乐中得到愉悦、锻炼、思考、关注父母及美好的回忆。父母从陪伴孩子们玩乐的过程中也可以获得快乐、对孩子们更深入的理解、更紧密的亲子关系及对孩子的正面示范及积极影响。

如果孩子还处在婴儿时期，可以跟孩子说话或唱歌，即使孩子听不懂也没关系。孩子们喜欢听到熟悉亲切的声音。可以模仿宝宝的声音和表情同宝宝对话。可以让宝宝摸爸爸妈妈的脸，或其他亲昵的触摸，有助于宝宝了解父母。和宝宝玩捉迷藏等游戏，促进宝宝沟通表达的能力。给宝宝读书或看图，构建宝宝的语言能力。

宝宝们到了幼儿阶段，父母可以和宝宝们一起参与有趣的户外活动，如玩沙子、泥水、字母游戏、藏猫猫游戏，教孩子认各种虫子或小动物等，鼓励孩子探索求知的积极性，提高他们对身体和活动的控制能力。

如果是学龄前儿童，父母则可以跟孩子聊些关于世界、外部环境和其他人的话题，了解他们的感受和情绪；教给孩子一些比较复杂的技能等，逐渐适应并过渡到学校生活。

7. 如何应对孩子跟父母的"较劲、冷战"

随着孩子自身主观性和自我意识的增强，和父母的要求会出现冲突与矛盾，孩子出现"逃避、退缩、反抗"行为也是正常的，此时父母应对孩子多一些理解。面对孩子的"冷战"，您可以尝试用引导代替干预，用鼓励取代指责，创造温暖的家庭环境帮助孩子发展。采用家庭"和谐三部曲"——微笑、赞美和拥抱，来面对正在经历巨大变化的孩子。用积极的方式面对孩子的消极反抗，用包容的方式关心、尊重孩子、给予他们独立的空间、关心他们的身心成长，以平等的姿态与孩子耐心沟通，弄清楚孩子这样做背后的原因是什么。你将会发现，与孩子交流并非难事，促进孩子发展也不只有"板着脸"这一种方式。

8. 孩子犯错时应如何处理

对孩子犯的错误不能放任自流。否则不但有损父母的原则与威信，孩子也不能吸取教训，但怎样处理合适呢？

（1）听听孩子的想法，帮助孩子分析哪里错了。可以从行为的动机、方法和结果几方面进行分析，让孩子了解错误怎样形成的，对孩子没做错的地方要给予肯定。

（2）教给孩子换位思考。父母可以采取孩子容易理解的方式和语言，告诉孩子因为他犯的错而造成哪些不好的影响，提醒他以后不犯类似的错。

（3）对待孩子的错误，应该以有建设性的教育为目的，不要采取给他过于严厉的惩罚。父母的态度要平静、温和，还要注意场合和时机，不要伤了孩子的自尊心。如果孩子情绪很激动，应该等孩子平静下来再说，如果孩子已经意识到错误，就不要再穷追到底了。

9. 怎样"温柔而坚定"地给孩子定规矩

孩子渐渐长大，要开始为孩子定规矩，明确告诉他们行事原则，告诉他们，哪些事可以做，哪些不能做。尤其是当制止孩子的不当言行时，语气要温柔，态度要坚定。这里的温柔，一方面是语气和态度要温和，另一方面要考虑从孩子的感受出发，用爱、理解来赢得孩子的合作；坚定，则是守住底线，遇到具体的问题，方式方法的灵活，是非、态度、处理原则要明确，不能逾矩，底线之内灵活处理。让孩子明白，爸妈不是站在他的对立面，而是理解他、尊重他，愿意跟他一起，帮助他更好地成长。虽然不可以这样做，但爸妈仍然爱她。

虽然具体情况纷繁复杂，但一些基本的原则要首先考虑。

（1）把健康和安全放在第一位。让您的孩子知道哪些事情可能危害到他的健康和安全，而您出于对他的爱必须禁止他做这些事情。

（2）定规矩的目的是给孩子以指导，而不是对不遵循规矩的孩子以惩罚。

（3）给孩子明确的指令，根据孩子的年龄和特点，明确表达，而不是含糊其辞。

（4）给孩子"商量"的余地。定规矩时允许孩子提意见，但原则一旦确定，就要坚持。

（5）规矩应严格遵守，但不应过度限制或干涉孩子。

（6）给出合理的选项让孩子自己选择。

（7）定规矩的同时要明确相应的后果，奖惩明确，切实可行，能够坚持实施。

10. 怎样做"好家长"

很多研究都已经证明，良性亲子关系是孩子心理健康的重要条件。要成为"好家长"，应注意如下几点。

（1）牢记自己的父母角色。父母的主要职责是保护孩子，同时在成长道路上把孩子培养成人。这点远比仅和孩子做朋友更为重要，要让自己成为孩子一生中的耐心老师、引领方向的领导者。当然，立场要不偏不倚，孩子还是需要管教的。

（2）给孩子以适宜的教养。发挥父母的榜样作用，和孩子创建正常的依恋关系，营造与孩子们气质特点相符的家庭环境。

（3）清清楚楚、明明白白地告诉孩子你对于他的期望，并且能给予孩子以正确的引导，让孩子也深知这其中的重要性，这样，他们就会明确努力方向，知道自己该怎样做。

（4）对每个孩子都要给予同样的爱。学会与孩子沟通，与孩子坦诚交心，尊重孩子，定时沟通，发泄感情。

（5）把孩子当孩子，珍视童年价值，遵循成长规律，促进儿童发展；在孩子生长的关键点，给予关怀和理解，包容和关注。

（6）帮助孩子发现自己的能力。相信孩子能够独立，同时帮助其在生活中创造条件让孩子们去发现自己的能力。

（7）跟孩子们表达爱，但要注意是真正的"爱"而并不仅仅是无原则的"宠"。

（8）犯错勇于承担，父母也不是超人。注意自己的言谈举止，让孩子们学到父母的闪光点。

（9）鼓励式教育，让孩子得到肯定和表扬。孩子努力做完一件事情或是做了一个正确决定的时候，一定要抓住时机给予适当的表扬。

（10）允许孩子犯很"傻"的错误。孩子应当有"试错"的机会，当孩子作了一些让你感到哭笑不得的事时，及时给予适当鼓励，不要只会数落孩子的不是。

（11）多陪伴，多跟孩子在一起。做孩子的朋友和支持者，经常带着孩子疯一把，争做孩子的头号粉丝。

（12）在忙碌中抽出时间，创造一家人相处的机会。一家人一起用餐、游玩，设置一些家庭温馨小环节，如固定的睡前阅读、外出活动时间等，跟孩子玩并真心享受这样的快乐，共享生活的陪伴与乐趣。

张　妍　许芸冰
上海市人口和家庭计划指导服务中心

第十章　社会适应

　　社会适应是家庭或个人为了在社会上更好地生存而做出心理、生理及行为上的改变、调整，以达到与社会的和谐适应。二宝出生可能给家庭带来很多问题，导致矛盾丛生，破坏家庭和谐。这种情况下，两孩家庭的社会适应就显得尤为重要。

　　作为社会最小的细胞，家庭是天然的练习场，孩子在家庭中为将来走向社会、适应社会做着各种准备；父母也在养儿育女中实现自我成长与完善。两孩家庭必须首先适应家庭内部环境的改变，进而将在家中习得的适应向家庭外迁移。

　　鉴于两孩家庭需要更大的勇气、更充分的知识、更有效的方法去应对新的挑战，本章将分别面向家庭、孩子和父母三大主体提供社会适应上的指导与帮助。

一、家庭和谐与社会适应

1. 两孩家庭的社会适应与家庭和谐有什么关系

社会适应强调个体与外界环境的交互作用。一般认为，社会适应能力强的人能够主动地顺应环境，调控和改变环境，最终与社会环境保持一种平衡的关系。同时，社会适应也是一种心路历程：当熟悉的环境发生变化时，个体极有可能先出现否定、抗拒的情绪，随着时间推移逐渐地改变认知与行为，最终适应新环境。从根本上讲，社会适应有利于增加家庭成员的心理能量，缓解紧张的关系。

刚刚从独生子女家庭转变为两孩家庭时，家庭结构发生重大变化，无论父母还是孩子都将面对一系列社会适应方面的困惑，甚至处于风险与危机中。家庭矛盾一般源于成员自身对环境变化的不适，导致他们无力直面问题及维系积极正向的人际关系。假如他们重新获得平衡感，关系自然也能得到改善。在家庭内部团结的基础上，成员在应对外界环境上也将更为得心应手。他们更可能挖掘并获得各种社会资源的支持，促进两孩家庭的稳定与发展，同时也在养育两个孩子的过程中实现为社会作贡献的价值感，真正达到高度的家庭和谐。

2. 与独生子女相比，两孩的社会适应有哪些特点

与独生子女相比，两孩在社会适应方面具有得天独厚的优势。第一，两孩在家庭中能够更好地为社会适应作准备。独生子女处于"众星捧月"的地位，倾向于以自我为中心，而两孩几乎无时无刻不在体验竞争与合作，更早、更深刻地理解"何为社会"。第二，两孩最初对"爱被分享"的适应或认知有助于他们的社会性成熟。大宝或多或少体验过"爱被分享"的失落与焦虑，他们不断地去

面对既定的事实，去学习哥哥或姐姐的角色，通过获得特权等方式重获平衡感。二宝则自降生起就逐渐明白并接受自己不是唯一的孩子，分享是一种必然。这些心路历程无疑增强了他们今后对外界变化的适应性，而流变性也是社会生活的基本属性之一。

3. 与独生子女父母相比，两孩父母社会适应的困难体现在哪里

与独生子女父母相比，两孩父母在养育、教育孩子上面对的挑战更大一些，社会适应的难度与要求也更高一些。这些困难主要体现在两方面。第一，家庭的控制与规划。两孩父母在生育二胎之前必须明确两孩的意义，树立自信，做好充分的心理准备。在孩子出生后，面对层出不穷的矛盾，两孩父母应起到中流砥柱的作用，顶住压力，积极地解决问题。在两孩成长过程中，关于养育成本的计算，教育投资的选择，以及置业迁居的决断都不断考验着两孩父母的社会适应能力。第二，平衡关系之术。两孩家庭是四个人，突破了独生子女家庭的三角关系，再加上父母本身多为独生子女，年幼的二宝需倚赖家人照料，少不了祖辈家长的介入，使得家庭关系更为复杂。因而，两孩父母不光是家庭发展的掌舵者，也得承担起和解者的角色，去不偏不倚的处理长辈对两孩的偏爱现象，两孩之间的争宠现象及自己与伴侣的意见冲突等。

4. 两孩家庭该树立什么样的家规、家训

两孩家庭的关系较独生子女家庭更为复杂，因而家规、家训重点应指向关系处理，以保持关系和睦、家庭团结为宗旨。家庭关系主要包括夫妻关系、亲子关系和兄弟姐妹关系。首先应提倡夫妻关系高于亲子关系，良好的夫妻关系有利于营造幸福家庭的

氛围，并且为孩子树立好的婚姻"模版"。而亲子关系是父母开展家庭教育的重要前提，有了深厚的感情基础，孩子更容易接受父母的言传身教，父母应做到与两个孩子都建立积极的互动。兄弟姐妹关系是两孩家庭特有的，要支持两孩融洽相处之下的良性竞争，同时强调团结。此外，家规家训还应注重家庭成员对社会的责任与贡献。由于两孩往往表现出不同的个体优势与志向，因此倡导社会价值多元化理念有利于他们更好的秉承家规、家训，达到理想的彼岸。

5. 两孩家庭和谐的秘诀是什么

二宝的出生有可能在短时间内造成家庭关系的混乱或紧张，这是一种正常现象。一般来说，大多数家庭经过积极应对能够逐渐恢复和谐。最关键的一点，夫妻双方应意识到生二宝是家庭共同的决策，事先需开展深入沟通并作出相应规划。对于生育意愿，一旦有一方不愿意或有所迟疑的话，另一方就该和伴侣继续讨论，切不可逼迫。如果两人都愿意生二宝，但在具体问题上存在分歧，比如冠姓权、性别期望、那就需要经过多番协商。做好准备后再生育二宝的话，父母就会感到胸有成竹，遇到突发问题时也能保持沉着冷静，更有利于两孩家庭的和谐。

二、孩子的社会适应

1. 二宝出生后，大宝为什么会有异常表现

二宝作为新生儿相对需要更多的关注，尤其是那些选择母乳喂养的母亲将与二宝形成一种"共生"的关系。因而，陪伴大宝的时间变少，这容易令大宝感觉焦虑不安。而主观上对"我会不会变得不重要"的恐惧将进一步加剧他的不适感。其中心理退行

是较为常见的不适表现，即大宝退回到新生儿的状态，与二宝一样以"无能力者"自居，以谋求父母更多的关注，如重新喜欢吮手指、原来已经独睡的要求搬回父母房间等。同时还可能出现情绪和行为失常，如郁郁寡欢、易激惹、好攻击。有些大宝甚至产生不良生理反应，如食欲下降、睡眠质量变差、呕吐等。尽管大宝或多或少都会体验到不适感，但其严重程度跟不少因素相关。一般而言，两孩年龄间隔越大、大宝个性越开朗、父母越擅长平衡照料之术，大宝越能顺利适应生活的改变。

2. 大宝对家庭结构变化的不适一般会如何演变

一开始大宝可能陷入一种焦虑、失落的状态，甚至产生痛苦的情绪。孩子变得很"作"，不切实际的索求父母的同等对待，这令父母感到苦恼。当大宝经过一番无理取闹，逐渐认识到无论自己如何争取，都不可能回到"一人独尊"的状态之后，他们会陷入思考：我该怎么办？这是一个关键的转折。父母应敏感地察觉到孩子的心理活动，引导他寻找新的身份定位，体验作为哥哥或姐姐的自豪感，享受参与照顾弟弟妹妹的乐趣等。到了二宝3个月大之后，大宝也能在与二宝的互动中感受亲情的美好，再加上这时父母能安排更多的精力和时间陪伴大宝，这一切都将令大宝获得越来越多的心理平衡，弥补他因爱被分割而带来的失落和嫉恨。随着时间的推移，大多数大宝最终接受了家有两孩的新生活。

3. 二宝降临对大宝的社会适应意味着什么

二宝降临对大宝的社会适应具有重大意义。二宝诞生改变了家庭原来的结构，势必引起大宝生活的变化，这种变化引起大宝的不适，迫使他不得不经历从被动接受到主动适应的过程。一旦渡过危机，大宝在社会性层面获得了成长，他懂得了"人必须适应环境"的道理，破除了"自我中心"的狭隘，掌握了应对变化的有效方式与策略。再者，大宝在与二宝的交往中不断学习分享与谦让，尽管有些艰难，但这是成长的"必修课"。与独生子女相比，他们在发展同伴关系方面更为有利，因为在从与父辈的纵向交往到与同伴的横向交往中，他们还拥有与弟弟妹妹的斜向交往这样一个过渡。这种交往是个体从家庭生活走向社会生活的重要练习，为大宝提升社会适应能力打下了坚实的基础。

4. 为了融入已有大宝的家庭，二宝会有哪些表现

二宝出生在已有大宝的家庭中，他也会感觉到与大宝之间的竞争，努力地融入生活环境之中。首先，二宝会想方设法争取父母更多的注意，确定自己在家庭中的地位。一般来说，二宝"门槛更精"，他们懂得观察学习，不让自己因犯哥哥姐姐犯过的错而受到指责。他们会充分利用自己更为幼小的身份争取特权：比如让父母花更多时间围着自己转，抱、喂食和陪睡；当和哥哥姐姐争抢玩具时，二宝最为常见的策略包括大哭大叫，以此博取父母的同情和帮助，从而占到哥哥姐姐的"便宜"。其次，二宝也会通过一些手段了解大宝的性情，与哥哥姐姐建立适宜的相处模式。尽管与大宝之间的竞争关系客观存在，但是二宝也非常喜爱哥哥姐姐，他们热衷于做大宝的"跟屁虫"，不时拍拍大宝"马屁"。

5. 相较于大宝，二宝在社会适应方面是否更占优势

在适应方面，二宝具有先天的优势，他更容易体验到积极的情绪，有助于形成良好的社会适应。其次，二宝在成长中习惯于和大宝的分享，有时候，他还会与哥哥姐姐合作去干点什么，比

如一起完成拼图。更何况，大宝对二宝还发挥着榜样引领作用。这些都为二宝将来顺利适应集体生活打下基础。再次，二宝从一开始就意识到自己需要努力做些什么来吸引父母的注意，所以他更懂得"扮可爱"争宠，往往当大宝尚在纠结和烦恼的时候，二宝已经在努力熟悉家庭生态环境，主动的融入家庭。然而，从另一个角度来讲，假如大宝能够顺利度过适应期的话，他在社会性发展上将更为成熟，抗挫力大大提升。这将造就大宝独有的社会适应上的优势，是二宝无法企及的。

6. 如果两孩的性别不同，他们在性别角色社会化方面是否更占优势

性别角色社会化指的是个体将社会的性别规范内化，进而按此行事。年幼的孩子往往通过与父母的相处建立性别角色"模版"，同时父母也会间接的刺激孩子的性别定型行为。如果两孩的性别不同，那么孩子性别社会化的学习将更多的建立在对性别差异的认识之上：他们可以从父母对两孩有差别的抚养中了解社会对不同性别的角色期待，相应的调整自己的行为；他们通过对异性兄弟姐妹言行举止的观察，进一步确定性别的稳定性，增强性别认同。

需要特别指出的是，两孩性别不同并非全然都是优势。基于二宝喜欢模仿大宝的行为倾向，两孩性别不同可能在一段时间内对二宝的性别角色社会化造成负面影响。比如妹妹学哥哥的样子分开双腿、坐姿不雅，弟弟学姐姐做"兰花指"。这就需要父母及时介入并予以正确的引导。

7. 从社会适应角度看，两孩争宠一定是坏事吗

在独生子女家庭中，长辈总是围绕一个孩子打转，出现了"多

位大人向孩子争宠"的现象。这可能导致孩子迟迟走不出"自我中心"的发展阶段，引发了社会适应上的先天不足甚至障碍。在两孩家庭中，这种情况得到一定程度的逆转，表现为孩子向大人邀功争宠，有助于孩子形成正确的自我意识，更好的"去中心化"，适应一视同仁的社会规范以及由此带来的心理压力，逐渐成长为合格的社会人。但是需要指出的是，假如长辈利用孩子的争宠心理强化两孩之间的比较，并伴有奖励、惩罚措施的话，这极有可能造成"恶性竞争"，两孩在取得进步的同时相互嫉恨，情感不睦，将来也不懂得为人处世之道。相反，假如长辈能够对两孩争宠的微妙心理善加利用，支持他们在不同方面开展竞争，懂得挖掘他们各自的天赋和兴趣，而不是局限于学习成绩等单一表现的比较，那将更好的发挥两孩争宠的正向社会意义。

三、父母的社会适应

1. 为什么说"亲子关系与兄弟姐妹关系在互相照镜子"

不少针对家庭关系的研究认为"亲子关系与兄弟姐妹关系在互相照镜子"。这意味着，亲子关系的质量在较大程度上决定着兄弟姐妹关系的质量。因为家庭本身是一个关系系统，各子系统之间紧密联结，彼此渗透。首先，父母应意识到，两个孩子是完全独立的个体，需要时间去磨合，培养积极的情感；他们虽免不了打闹，依然可以保持亲密感，这是兄弟姐妹相处的一种常态。其次，如果两孩之间存在无法调解的矛盾的话，那父母需要检视：这种状况是否与自己的养育水平相关。研究证明，倘若父母对每个孩子都采取温暖、关爱的态度，不带偏爱的去满足他们个性化的需求，并善于公平合理的处理孩子之间的纠纷，那么两孩之间的冲突就会减少。反之，他们将很难融洽相处。

2. 有了二宝，父母可能面对哪些适应问题

第一，时间和精力上的分配或分工。当二宝还是新生儿的时候，母亲不得不花更多的时间去照料，容易忽视大宝的需求。这时候父亲就得迅速"补位"，还可以请平时关系亲近的家人、朋友一起来关心大宝，最大程度上保持其生活作息时间不变，让孩子获得一定的掌控感。

第二，情感上的兼顾。这主要涉及母亲。一方面她要与二宝建立安全依恋关系，另一方面需要用心维系与大宝的情感联结。特别是有些大宝对母亲有特别的依恋情感，因而对母亲不够关注自己十分介意。那么母亲有必要从百忙之中挪出一段固定的时间和大宝独处，满足大宝的心理需求。假如实在无暇陪伴，母亲不妨和大宝之间建立一种仪式，比如上学出门前和放学回家后的拥抱。切不可对大宝的心理退行表现表示反感或进行斥责，要了解到这正是他们适应过程中的正常表现。

3. 带孩子压力好大，应怎样应对

自己带孩子确实压力大。一面要工作，一面又要带孩子，孩子哇哇地哭闹，没完没了地换尿布，不能好好睡一觉……但这是为人父母的责任，有人有老人帮着点可以减轻一些压力，也有不少夫妻没人帮着带孩子而咬牙坚持。

带孩子的压力下，有人不禁对自己产生怀疑，是自己做得不够吗？其实，孩子的需要可以说是无穷无尽的，父母需要为自己设置现实的目标，不要高估自己的能力而追求完美，要从正面肯定自己为带孩子做出的努力。只要自己真正关心孩子，认真和孩子交流，即使有时事情解决得并不像想象中的一帆风顺，那也是正常的。不要老拿自己的劣势去和别人比，认为自己做得没有别

的家长那么好。

有人总是感觉自己无法和孩子，尤其是二宝单独相处，不知道做什么，不知道怎样哄孩子。其实因为孩子小，语言表达受限，只要和二宝宝柔声细语，给他们轻柔的爱抚，多数宝宝还是能哄得住的。如果出现怎么也哄不了的情况，就需要父母细心观察宝宝的行为语言，考虑宝宝的真实需要，是饿了、困了、拉了、冷了还是闷了，对症下药，满足宝宝的需要就会好起来。

一些感觉带孩子非常疲惫的父母，要注意适当休息，还要学会自我调节情绪。放松心情，比如适当参加一些自己喜欢的户外活动，如果遇到不开心的事情，及时与家人朋友沟通，释放心理压力。

其实，带孩子这件事本身对父母还有缓压作用。照顾孩子，看着孩子一天天健康长大而带来的满足感，有时父母不妨甚至让自己的童心释放，投入地和孩子一起玩，享受这个过程而不是把它当做一种负担，这些可在一定程度上可缓解家长的心理压力。

要想有好的亲子关系，先要处理好夫妻关系。让这两方面形成良性循环。还有，要注意先照顾好自己，再照顾孩子。如果事情发展得不尽如自己的意，先不要着急，给自己一些时间来缓冲，可能目前的问题过些时间就不成问题了。

4. 面对育儿压力升级，两孩父母可以寻求哪些社会支持

面对育儿压力升级，两孩父母务必建立引进外援的意识，积极寻求社会支持，实现良好适应。社会支持来自4个方面。一是亲友群体。其中祖辈家长作用重大，当然，鉴于隔代养育可能出现宠溺的弊端，父母最好事先确定教育的主导权。二是医生、老师等专业资源。尽管父母已经有了养育大宝的经验，但是每个孩子出现的情况是不一样的。这时候大宝的老师、儿保医生都能给

予有力的支持。三是月嫂、育婴师、钟点工等家政职业群体。他们在一定程度上能够起到协助作用。四是网络育儿论坛等公众资源。两孩父母可在这一平台上获得精神上的重要支持，缓解焦虑感。

总之，父母只要做好"不能被替代的事"，剩下的事可以外包，或者购买一些替代类的产品（如用纸尿裤代替尿布），这样可以减少繁重劳动带来的负担和压力。

5. 为了让大宝更好地适应，父母该如何与老师"结盟"

如果大宝已经入园、入学，老师就是孩子生活中的"重要他人"。父母不妨将他们纳为重要的盟友。当大宝出现心理退行等不适反应时，老师一般能够从孩子在校的反常表现中有所觉察。这时候，父母最好与老师保持沟通，从两方面形成教育合力。第一，共同观察孩子，更全面地了解大宝的内心想法，判断他的适应水平与阶段。老师帮助有利于父母及时在家中作出调整，使得大宝更顺利地过渡。第二，一起商量对策，如老师特意开展以"当我有了弟弟妹妹之后"为主题的讨论、游戏，给予孩子正面的支持与指导。回家之后，父母可以请大宝参与对二宝的照料，如一起给弟弟妹妹洗澡，从而强化老师的教育效果，促进大宝尽快认同新角色。

6. 成了两孩妈妈之后，职场妈妈该如何协调育儿与事业的关系

当一位职场妈妈有了两个孩子之后，她可能会进一步面对如何将事业与育儿有机结合的挑战。为了达到平衡，两孩妈妈首先需要在工作中设定限制，如拒绝那些经常出差的工作及超时上班，要求提供支持"背奶"的环境。当然这得基于和上司的良好沟通。另一方面，两孩妈妈也得与伴侣协商，根据家庭需要和事业机会做出灵活调整。此外，两孩妈妈需追求高效能养育。在家时用心

地陪伴孩子们，积极回应每个孩子的不同需求；不在家时也要做到遥控、监管孩子，确保孩子的言行符合规范，学业稳中有进。两孩妈妈还不妨在节假日积极安排家庭活动，与孩子们一起开展休闲娱乐或者一起完成某项任务，增进家庭的亲情交流，缓解工作压力，使得育儿与事业相互促进。

7. 全职爸爸（妈妈）如何进行角色适应

全职爸爸（妈妈）可能遭遇角色适应上的问题，有必要进行调适。首先，破除身不由己的牺牲感。那些感觉为家庭牺牲事业的全职爸爸（妈妈）可能会在不知不觉中迁怒于孩子，需要有所觉察，并对人生做出规划。其次，正视孩子可能的"回报"。全职爸爸（妈妈）一般更加期待孩子的高学业成就与情感回报。应理性地认识到，学业成就由诸多因素决定，父母陪伴多并不必然与孩子学业呈线性相关；而随着年龄增长，孩子越来越重视父母的社会价值，在职的爸爸（妈妈）更容易赢得孩子的崇拜与尊重，当然他们会与全职爸爸（妈妈）建立更深厚的情感。

8. 父母如何与两个孩子都建立亲密的亲子关系

一个常见的障碍是父母习惯于对两孩的行为表现进行比较，孩子可能因此而对父母的爱产生怀疑。父母必须认识到每个孩子都是独特的，尽管他们来自相同的血缘，因而一个孩子在哪方面表现比另一个好或差并不重要。同样的，在处理两孩冲突时，父母应努力厘清事情经过，理解孩子们不同的感受，尽量正面鼓励孩子们学会融洽相处。另外，不妨刻意安排出与每个孩子的独处时间。在这个时间段中，父母可以做到专注与某个孩子互动，让其体验被全心全意对待的感觉，这有利于增进亲子情感。当然，父母还应多带两个孩子一起外出休闲旅游，让一家人在快乐的氛围中感受亲情的美好。

9. 偏爱会对孩子的社会适应带来什么样的影响

偏爱容易铸就孩子有失偏颇的价值观，导致社会适应方面的隐患。受偏爱的一方可能霸道蛮横，无法成为正直明理之人；也可能因缺乏集体规则的学习，或不懂平等互惠式的社交意识而不被社会所接纳。而不受偏爱一方往往出现两种倾向。一是社会退缩，因为在家庭中，他们无论如何努力都处于下风，逐渐演变为"习得性无助"，导致自我价值感低下。二是急功近利，家庭中的劣势地位引发这些孩子的自卑感，为了克服自卑，他们显得过于积极进取，甚至为达目的不择手段。可见，偏爱影响的是孩子对社会公正的信念，进而影响他们的待人处事，极其不利于将来的社会适应。

10. 当父母发现祖辈对某一个孩子有所偏爱时该做些什么

如果父母察觉到祖辈明显的情感偏向，有必要与他们深入沟通。目的是让祖辈家长深刻认识到偏爱的危害性。沟通中，父母保持心平气和，可以举实例，也可以引用专家观点，这样比较容易博得祖辈的认同。同时父母也不妨刻意创造机会让祖辈与不受自己偏爱的孩子共处，加深了解，增进彼此的情感。假如祖辈偏爱是基于具体原因，比如大宝没有礼貌，不肯叫人，那么父母得想方设法去矫正孩子的不当言行，毕竟受人欢迎本身是社会适应的重要衡量标准。假如祖辈偏爱受到"重男轻女"之类的传统观念影响，难以改变，父母有必要对那个不得宠的孩子进行一定的情感补足，帮助孩子恢复心理平衡。

11. 当父母发现自己不知不觉偏爱某一孩子时该怎么办

尽管父母一般都了解偏爱的种种弊端，但不知不觉中容易犯错误。所以父母双方要互相监督、提醒，重新回到正确的轨道上来。同时也可以通过透视两孩冲突或孩子身上的心理行为问题作反思，因为成人的偏爱往往造成两孩之间的情感排斥，可以说，大部分的兄弟姐妹冲突都源于竞争。假如父母没有过分介入两孩的纷争并出现偏帮的话，孩子反而容易自己去解决问题。总的来说，出现偏爱的父母需要定时做一些理性功课，梳理每个孩子的特点，以及与自己的联结点，找到自己之所以产生偏爱的深层次原因，进而战胜自己，更为公平地对待每一个孩子。

12. 周围人老当着孩子的面拿孩子长相、性格等作比较，父母该如何回应或处理

父母阻止不了旁人行为可能对孩子造成的消极影响，但是可以通过适当的回应予以妥善处理，将心理伤害降至最低。首先，在不贬低另一个孩子的前提下当面抬举那个被比下来的孩子。比如旁人说："弟弟长得比哥哥白。"父母可以回答："哥哥小时候也一样白，后来太阳晒多了就成了健康小麦色。"其次，假如父母察觉孩子很介意旁人的评价，不妨等回家后与他沟通下当时的感受，理解孩子的委屈和不甘，重申父母对他的认可。另外，父母也要善于观察，尽量避开那些以挑拨两孩关系为乐的邻居。再者，那个一直受到抬举的孩子可能会骄傲，甚至看不起另一个孩子，这同样需要父母反复强调"在我们眼中，你们各有各的好，我们一样爱你们"。

13. "大宝应该让二宝"是真理吗

将"大宝应该让二宝"当做真理，容易对大宝造成一定的情感伤害，同时使二宝更为骄纵。不可否认，大宝谦让二宝是一种美德，但是并非理所当然。如果大宝基于对哥哥姐姐身份的认同，主动愿意对二宝作出让步，比如把好吃的好玩的给弟弟妹妹，这体现了大宝的涵养，是值得肯定的。假如大宝还不习惯或刚刚适应新身份，长辈的强制要求反而激起他们的逆反心理，更不愿对二宝付出爱心。同时，长辈的这一要求也容易损害他们与大宝的关系，大宝会误以为长辈偏心眼。更何况，大宝的忍让反而可能助长二宝爱占便宜、爱耍心眼的不良习惯，妨碍交往规则与集体意识的养成，最终不利于二宝的社会适应。

14. 父母该如何破除"大宝应该让二宝"之类的社会偏见

为了破除偏见，父母需要去建立一些更为科学的处理两孩相处的原则，这些原则应指向于孩子将来的发展，有利他们更好地适应社会。第一，分析是非，谁更有道理就认可谁。如果两孩之间有争端，父母在孩子彼此冷静后不妨分析下事情的来龙去脉，把道理分析清楚，帮助孩子建立待人处事的基本规则。尤其需要指出的是，不宜光目睹大宝"欺负"二宝就断定大宝不对，因为前情不明，所以父母要把情节"补全"之后客观评价。第二，总结规律，优化两孩相处模式。父母应提醒孩子们去看纷争的一般模式，引导孩子们通过具体行为的改变来中断不良反应链，让他们了解友好相处并不困难。

15. 父母如何帮助大宝更好地理解"长幼顺序"的社会意义

首先，大宝通常成为二宝学习的榜样。在二宝仰慕的目光中，大宝也会逐渐意识到自己对弟弟妹妹的表率作用，自觉规范自己的言行举止，争取做一位合格的长兄或长姐。由于两孩之间的积极关系动力天然存在，父母只需通过言语暗示等适当起到"推波助澜"的作用。其次，大宝往往担当父母小帮手。研究发现，孩子排行越往前，就越容易形成对父母的情感依赖。这也意味着他们更容易与父母心意相通。当父母外出或无暇时，不妨拜托大宝主动承担起照顾二宝的任务，比如喂弟弟妹妹吃饭等。通过这些举止，大宝增强了对二宝的责任意识，建立了角色规范，有助于他们切实领悟到"长幼顺序"的社会意义。

16. 两孩父母如何安排家庭的闲暇时间

家庭闲暇安排大致可分为两种类型：家庭整体的休闲活动和家庭成员按兴趣组合的休闲活动。当家庭成员的闲暇追求一致时，家庭成员在这个过程中获得愉悦和满足，有助于营造温馨的家庭氛围。因此，两孩父母有必要精心安排"全家一起来"的休闲项目，如一起观看孩子喜欢的演出或影片，一起参加社区组织的家庭运动会。有时候不离开家也可以休闲一番，如在圣诞节前夕准备一棵小树和若干材料，全家一起完成装扮圣诞树的任务。同时，父母也应了解休闲作为一种生活方式是个体体现个性和表现自我的一种手段。应遵从个性化养育的理念，支持家庭成员自由组合，选择自我适应的休闲项目。如此一来，方能更好地起到为生活锦上添花的作用。

17. 父母在两孩的教育投资上应该做哪些考虑

作为两孩父母，除遵守"量入为出"这一原则对两个孩子进行教育投资之外，还需虑公平性问题。第一，量入为出。两孩家庭的经济负担加重，更应该精打细算，量力而为。尽管孩子的教育很重要，但是家庭生活质量同样不容忽视。父母需全盘计划，理性选择，慎重支出。第二，和而不同。基于公平原则，父母在投资总量上需保证大宝、二宝大体相同，如都送入公办学校就读，但是由于每个孩子的兴趣爱好都不同，性格气质也不一样，不能完全模式化的培养。父母要在日常生活中耐心观察两个孩子喜好、天赋，然后有的放矢投资，这样才能够起到最佳效果。

章淼榕
上海东方社会工作事务所

图书在版编目(CIP)数据

二宝来了,你准备好了吗——两孩生养教全攻略/段涛主编.
—上海:复旦大学出版社,2016.4(2019.11 重印)
ISBN 978-7-309-12119-3

Ⅰ.二… Ⅱ.段… Ⅲ.婴幼儿-哺育-基本知识　Ⅳ.TS976.31

中国版本图书馆 CIP 数据核字(2016)第 025816 号

二宝来了,你准备好了吗——两孩生养教全攻略
段　涛　主编
责任编辑/魏　岚　秦　霓

复旦大学出版社有限公司出版发行
上海市国权路 579 号　邮编:200433
网址:fupnet@ fudanpress.com　http://www.fudanpress.com
门市零售:86-21-65642857　　团体订购:86-21-65118853
外埠邮购:86-21-65109143　　出版部电话:86-21-65642845
浙江新华数码印务有限公司

开本 890×1240　1/32　印张 7.375　字数 176 千
2019 年 11 月第 1 版第 3 次印刷
印数 54 051—55 150

ISBN 978-7-309-12119-3/T·566
定价:36.00 元

图书征订单

组织编写：国家人口计生委计划生育药具重点实验室
　　　　　上海市人口和家庭计划指导服务中心

图书简介

　　2016年，国家提倡一对夫妻生育两个子女的新规正式开始实施，中国正式进入"全面两孩"时代。本书由上海著名妇科、儿科、计划生育、健康教育、社会工作机构的专家参与编写，由上海市人口和家庭计划指导服务中心组织协调。从实用的角度出发，梳理相关专业知识，以问答的形式，为打算生第二个孩子的夫妇提供通俗易懂的专业指导，帮助大家做好准备，适应怀孕、新的家庭结构、角色调整及维护孩子们的身心健康成长，以促进家庭成员及整个家庭的良好社会适应。

单位								
地址					邮编			
联系人		联系电话			传真			
订阅份数				本	单价			
总金额	（大写）	万	仟	佰	拾	元整，	（小写）￥：	元整
备注								

汇款方式

　　户名：复旦大学出版社有限公司
　　开户银行：农行五角场支行营业部
　　账号：033267–00881003979

联系方式

　　地址：上海市国权路579号　　邮编：200433
　　联系人：魏岚　　　　　　　　邮箱：1738155509@qq.com
　　电话：021–55522638
　　传真：021–65642892